# DIE CHEMIE

## DER

# NATÜRLICHEN GERBSTOFFE

VON

## PROF. DR. KARL FREUDENBERG

PRIVATDOZENT AN DER UNIVERSITÄT KIEL

Springer-Verlag Berlin Heidelberg GmbH

1920

ISBN 978-3-662-24199-8     ISBN 978-3-662-26312-9 (eBook)
DOI 10.1007/978-3-662-26312-9

# Meinem Vater
zugeeignet

# Vorwort.

Diese Schrift ist der Niederschlag eingehender Studien, deren Ziel die Sichtung des seit mehr als einem Jahrhundert auf dem Gerbstoffgebiete erarbeiteten experimentellen Materials war. Für die eigene Laboratoriumsarbeit eine Grundlage zu schaffen, die Zusammenhänge und nächsten Probleme herauszuarbeiten, den Mitarbeitern das Gesicherte darzulegen und die erprobten Vorschriften zu sammeln — das sind die Gesichtspunkte bei der Niederschrift gewesen. Ein Buch, das wie dieses dem praktischen Bedürfnis des Laboratoriums entsprungen ist, bringt keine abgerundete Darstellung, zumal die einzelnen Probleme auf sehr verschiedener Entwicklungsstufe stehen. Die Gerbstoffchemie ist trotz ihres Alters erst im Werden.

Die Geschichte der Gerbstoffe und überwundene Ansichten werden nur berührt, wenn irrige Angaben des Schrifttums zu berichtigen sind. Vollständigkeit in botanischer Hinsicht ist lediglich bei den kristallinischen Naturstoffen angestrebt; es gibt, um nur ein Beispiel herauszugreifen, sehr viel mehr der amorphen, rotbildenden Gerbstoffe, als angeführt werden. Wer sich darüber unterrichten will, sei auf Dekkers botanisch-chemische Monographie der Gerbstoffe und das Buch von Perkin und Everest verwiesen. Um so mehr ist die vollständige Darstellung alles chemisch Wissenswerten versucht worden. Diesem Ziele war nur näherzukommen, wenn alle als unzuverlässig erkannten Angaben beiseite gelassen wurden. Mancher technisch wlchtige Gerbstoff — z. B. der Fichte und Hemlocktanne — mußte aus diesem Grunde übergangen werden.

Noch vor 10 Jahren wäre es unmöglich gewesen, den Versuch einer kritischen Gerbstoffchemie zu wagen. Kostaneckis und A. G. Perkins Catechinchemie — in ihrer Bedeutung für das Ganze noch nicht erkennbar — war die einzige Lichtung im Urwald. Da kam Wandlung. Nicht allein durch Fällen und Zerlegen einzelner Waldesriesen hat Emil Fischer den Blick geöffnet, sondern der Meister synthetischer Methodik hat zwischen ihnen und so hoch wie sie Bauwerke errichtet, die weiten Ausblick gewähren — sogar in Nachbargebiete.

Kiel, Juni 1920. Karl Freudenberg.

# Inhalt.

# Verzeichnis der Abkürzungen für Literatur-Quellen.

| | |
|---|---|
| A. | Liebigs Annalen der Chemie. |
| A. ch. | Annales de Chimie et de Physique. |
| Am. Soc. | Journal of the American Chemical Society. |
| Ar. | Archiv der Pharmacie. |
| B. | Berichte der Deutschen Chemischen Gesellschaft. |
| Bl. | Bulletin de la Société Chimique de France. |
| C. | Chemisches Zentralblatt. |
| Ch. Z. | Chemiker-Zeitung. |
| C. r. | Comptes rendus de l'Académie des Sciences. |
| Dps. | E. Fischer, Untersuchungen über Depside und Gerbstoffe, Berlin 1919. |
| Dkk. | J. Dekker, Die Gerbstoffe, botanisch-chemische Monographie der Tannide. Berlin 1913. |
| D. R. P. | Patentschrift des Deutschen Reiches. |
| Fr. | Zeitschrift für Analytische Chemie (Fresenius). |
| G. | Gazzetta Chimica Italiana. |
| J. pr. | Journal für Praktische Chemie. |
| M. | Monatshefte für Chemie. |
| P. Ch. S. | Proceedings of the Chemical Society. |
| Ph. Ch. | Zeitschrift für Physikalische Chemie. |
| Pk. | A. G. Perkin und A. E. Everest, The nat. colouring matters, London 1918. |
| R. | Recueil des Travaux Chimiques des Pays-Bas. |
| Soc. | Journal of the Chemical Society of London. |
| Z. Ang. | Zeitschrift für Angewandte Chemie. |

# I. Allgemeines über Gerbstoffe.

## Einleitung.

Unter Gerbstoffen hat man ursprünglich adstringierende Pflanzenstoffe verstanden, die in wäßriger Lösung die Haut in Leder zu verwandeln vermögen. Sie haben sich als komplizierte, amorphe Verbindungen mit zahlreichen phenolischen Hydroxylen erwiesen und werden an verschiedenen Reaktionen erkannt, deren wichtigste sind: Die Bildung von Niederschlägen mit Leim, Alkaloiden und Bleiacetaten, die Ausflockung durch zahlreiche Elektrolyte und die blaue oder grüne Färbung mit Ferrisalz.

In dem Maße, wie die chemische Kenntnis fortschreitet, muß die nach praktischen Gesichtspunkten gezogene Abgrenzung weitergesteckt werden. Dem amorphen Gambir-Catechugerbstoff gesellt sich sein Stammkörper, das krystallinische Gambircatechin, dem von allen oben angegebenen Eigenschaften nur die amorphe Beschaffenheit abgeht; neben diesem Catechin steht das ähnliche Aromadendrin, das aber, im Gegensatz zum eisengrünenden Gambircatechin, von Ferrisalz rotbraun gefärbt wird. Von den amorphen Polygalloylhexosen, die Gerbstoffe im technischen Sinne sind, führt eine ununterbrochene Reihe zu den einfachen, krystallisierten Galloylhexosen, deren Leimfällung in Wasser immer leichter löslich wird, je näher sie den Monogalloylhexosen kommen, die mit Leim keinen Niederschlag mehr bilden.

Für die chemische Behandlung der Gerbstoffe ist also eine scharfe Abgrenzung an Hand der oben gegebenen Kennzeichen ungeeignet, und die Betrachtung wird deshalb in Richtung auf die einfacheren, krystallisierten Phenolderivate viel weiter ausgedehnt, als es bisher in diesem Zusammenhange üblich war.

Von diesen einfachen Typen führt eine ununterbrochene Linie stetiger Steigerung zu den komplizierten Gerbstoffen, und umgekehrt lassen sich deren Eigenschaften ohne Ausnahme bei den einfacheren, krystallisierten Phenolen und Phenolderivaten in ihren Anfängen wiedererkennen.

Die Verfolgung dieses Gedankens führt zu der weiteren Feststellung, daß die stetige Folge dieser graduellen Unterschiede auch dann keine Unterbrechung erkennen läßt, wenn die Betrachtung von den krystallinischen Phenolen und Gerbstoffen zu den amorphen Vertretern dieser Körperklasse übergeht. Diese Stetigkeit würde sofort in die Augen fallen, wenn es gelänge, die komplizierteren Gerbstoffe aus ihrer Scheinlösung in den krystallinischen Zustand überzuführen. Sie würden sich alsdann als äußerst schwer löslich in kaltem, mehr oder weniger lösbar in heißem Wasser den einfacheren Typen anschließen.

Dies ist am besten an Beispielen zu erläutern.

## I.

**Pyrogallol.** Krystallinisch, leicht löslich in kaltem Wasser. Kein Leimniederschlag, schwer lösliches Coffeïnsalz. Unlösliches Bleisalz wie alle folgenden.

**Gallussäure.** Krystallinisch. Nicht leicht löslich in kaltem, leicht in heißem Wasser. Schwer löslich in Mineralsäuren. Leimniederschlag in konzentrierter Lösung. Schwer lösliches Anilinsalz.

**Galloyl-Gallussäure** (Digallussäure). Krystallinisch. Sehr schwer löslich in kaltem, leichter in heißem Wasser. Fast unlöslich in kalten wäßrigen Mineralsäuren. Elektrolyte beschleunigen die krystallinische oder gallertige Abscheidung. Leim- und Alkaloidfällung in verdünnter Lösung.

Dieselbe, amorph. Löslich in kaltem Wasser. Sonst wie die krystallisierte Form.

## II.

**Monogalloylhexose.** Krystallisiert. Löslichkeit etwa wie bei der Gallussäure. Verhalten gegen Leim und Alkaloide wie Pyrogallol oder Gallussäure.

**Digalloylhexose** (Hamamelitannin). Krystallisiert. Schwerer löslich als Gallussäure. Sehr schwer löslich in kalter Elektrolytlösung. Leimniederschlag in verdünnter Lösung nicht sehr stark; in der Wärme löslich. Alkaloidfällung.

**Digalloylhexose** (Digalloylglucose). Krystallisiert. Sehr schwer löslich in kaltem Wasser, leicht in heißem. Sehr schwer löslich in kalter Elektrolytlösung. Kräftiger Leimniederschlag in verdünnter Lösung; in der Wärme schwächer. Alkaloidfällung.

Dieselbe Digalloylglucose, amorph. Spielend löslich in kaltem Wasser. Die Krystallisation wird durch Elektrolytzusatz beschleunigt. Hierin und in allen übrigen Eigenschaften wie die krystallisierte Form.

**Trigalloylglucose.** Amorph. Spielend löslich in kaltem Wasser. Starke Leim- und Alkaloidfällung. Wäre im krystallinischen Zustande in kaltem Wasser sehr schwer löslich.

**Pentadigalloylglucose.** Amorph. Schwer löslich in kaltem Wasser, leicht in warmem. Fällt durch Elektrolyte. Starke Leim- und Alkaloidfällung. Wäre in krystallisiertem Zustand schwer oder nicht löslich in Wasser.

## III.

**Brenzcatechin.** Krystallinisch. Löslich in kaltem Wasser. Schwer lösliche Verbindung mit Antipyrin. Kein Leimniederschlag.

**Protocatechusäure.** Krystallisiert. Wenig löslich in kaltem Wasser. Leimfällung in konzentrierter Lösung.

**Protocatechualdehyd** und **Di-Protocatechusäure.** Krystallisiert. Sehr schwer löslich in kaltem Wasser. Leimfällung in verdünnter Lösung.

**Protocatechoyl-Phloroglucin** (Pentaoxy-benzophenon, Maclu-

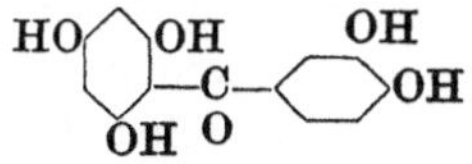

$$\text{HO} \overset{\text{OH}}{\underset{\text{OH}}{\bigcirc}} - \underset{\text{O}}{\overset{}{\text{C}}} - \bigcirc \overset{\text{OH}}{\underset{\text{OH}}{}}$$

rin). Ebenso. Sehr schwer löslich in Mineralsäure.

**Gambircatechin.**

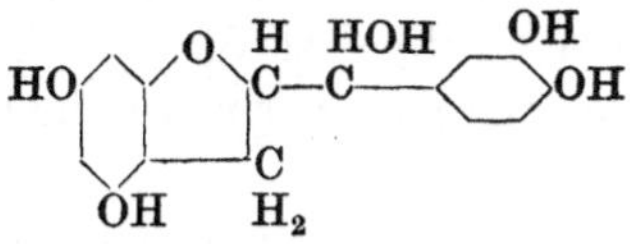

$$\text{HO} \overset{\text{O}}{\underset{\text{OH}}{\bigcirc}} \overset{\text{H}}{\underset{\text{C}}{\overset{}{\text{C}}}} - \overset{\text{HOH}}{\text{C}} - \bigcirc \overset{\text{OH}}{\underset{}{\text{OH}}} \qquad (?)$$

Krystallisiert. Kaum löslich in kaltem Wasser, leicht in heißem. Niederschlag mit wäßrigem Chinolin. Leimfällung in verdünnter Lösung. Leimniederschlag in der Wärme löslich.

**Gambircatechugerbsäure** (Kondensationsprodukt aus vorigem). Amorph. Löslich in kaltem Wasser. Niederschläge mit Elektrolyten, Alkaloiden und verdünnter Leimlösung. Wäre in krystallisiertem Zustande sehr schwer löslich in kaltem, vielleicht auch in warmem Wasser.

**Gambircatechurot** (höhere Kondensationsprodukte aus Gambircatechin). Amorph. Schwer löslich bis unlöslich im Wasser, selbst in der Wärme. Soweit die Schwerlöslichkeit eine Feststellung erlaubt: Niederschläge mit Leim und Alkaloiden. Diese Produkte wären in ihrer krystallisierten Form in Wasser unlöslich.

---

Die natürlichen Gerbstoffe lassen sich in z w e i  G r u p p e n e i n t e i l e n :

1. in hydrolysierbare Gerbstoffe, bei denen die Benzolkerne über Sauerstoffatome zu einem größeren Komplex vereinigt sind;
2. in kondensierte Gerbstoffe, bei denen Kohlenstoffbindungen die Kerne zusammenhalten.

Wo beide Bindungsarten im Molekül vorkommen, z. B. bei der Ellagsäure, wird die Zuteilung nach dem genetischen Zusammenhange mit anderen Gerbstoffen entschieden.

Die erste Gruppe umfaßt: a) die Ester der Phenolcarbonsäuren untereinander oder mit anderen Oxysäuren (Depside); b) Ester der Phenolcarbonsäuren mit mehrwertigen Alkoholen und Zuckern (Tanninklasse); c) Glucoside[1]). In dieser Gruppe überwiegt die Gallussäure als phenolische Komponente; daß ihr das Gebiet jedoch nicht allein überlassen ist, lehrt die außerordentliche Verbreitung gebundener Kaffeesäure oder das Vorkommen einer neuen Phenolcarbonsäure in der Chebulinsäure. Auch die Ellagsäureglucoside zählen hierhin. Das wesentliche Kriterium für die Zugehörigkeit zu dieser Gruppe ist die Spaltbarkeit in einfache Bausteine durch hydrolysierende Fermente, insbesondere Tannase oder Emulsin.

Dieser Gruppe der hydrolysierbaren Gerbstoffe galten die synthetischen Bestrebungen E m i l  F i s c h e r s. Ihre Bedeutung liegt darin, daß er mitten unter die Masse der natürlichen Gerbstoffe, an denen die Kunst der analytischen Chemie ihre Grenze erreicht zu haben schien, als Vergleichsobjekte Substanzen größter

---

[1]) Über den Begriff „Glucosid" vgl. S. 38 Anm.

Ähnlichkeit gestellt hat, deren Struktur durch ihre Synthese feststeht. Der Erfolg dieser Methode war die Aufklärung der Galläpfeltannine, die Zusammenfassung einer ganzen Anzahl von Gerbstoffen zur neuen Gruppe der Zuckerester; ihr struktureller Gegensatz zu den Catechingerbstoffen hob diese als eine zweite geschlossene Gruppe hervor; und schließlich weist die so gewonnene Erkenntnis der analytischen Erforschung der Gerbstoffe neue Wege.

Die kondensierten Gerbstoffe, aus denen die zweite Gruppe besteht, lassen sich durch Fermente nicht in einfache Bausteine zerlegen. Sie werden meistens — nicht immer — durch Brom gefällt und gehen unter der Einwirkung oxydierender Mittel oder starker Säuren durch Kondensation in hochmolekulare, amorphe Gerbstoffe oder Gerbstoff-„Rote" über. Durch energische Eingriffe, vorzugsweise von Alkalien, wird das Kohlenstoffgerüst gesprengt, der Phloroglucinrest, wenn vorhanden, herausgelöst und der übrige Teil des Moleküls meist als Phenolcarbonsäure wiedergefunden.

Nach dem Vorhandensein oder dem Fehlen des Phloroglucins läßt sich die Gruppe der kondensierten Gerbstoffe in zwei Klassen einteilen. Die erste umfaßt solche Gerbstoffe, die einen Phloroglucinkern und einen anderen Benzolrest im gleichmolekularen Verhältnis enthalten. Außer einigen einfacheren Ketonen — Oxybenzophenonen und Oxy-phenylstyrylketonen — umfaßt diese Klasse die Catechine nebst ihren zugehörigen amorphen Gerbstoffen und Gerbstoffroten. Für dieses wichtigste Gebiet unter den Pflanzengerbstoffen, zu denen die technisch wertvollsten, wie der Quebracho- und, vielleicht, der Eichengerbstoff gehören, wird weiter unten der Versuch einer chemischen Deutung mitgeteilt (Catechinhypothese der Phloroglucingerbstoffe).

Über die Konstitution der zur zweiten Klasse gehörigen kondensierten Gerbstoffe läßt sich so gut wie nichts sagen — nicht einmal, ob sie wirklich sämtlich kondensierten Systems sind. Mit der ersten Klasse ist ihnen gemeinsam die Neigung, mit Brom niedergeschlagen zu werden und in „Rot" überzugehen. Dagegen fehlt ihnen der Phloroglucinkern. Es ist möglich, daß Oxyzimtsäuren charakteristische Bausteine dieser Klasse sind; Kaffeesäure selbst geht auch leicht in rotähnliche Kondensationsprodukte über. Vielleicht werden diese Gerbstoffe später in die besser umschriebenen Klassen oder eine neue Einteilung einzugliedern sein.

***

**Catechinhypothese der Phloroglucingerbstoffe.** Unter den zahlreichen Pflanzenstoffen, die Phloroglucin enthalten, heben sich drei nahe verwandte Gruppen hervor: Die Flavonfarbstoffe, Anthocyanidine und Phenylstyrylketone[1]). Sie enthalten alle 2 Benzolkerne, die durch eine Kette von 3 Kohlenstoffatomen verbunden sind, und können daher als Derivate des $\alpha\,\gamma$ - Diphenylpropans $\bigcirc\!\!-\!\!\underset{H_2}{C}\!\!-\!\!\underset{H_2}{C}\!\!-\!\!\underset{H_2}{C}\!\!-\!\!\bigcirc$ angesehen werden. Der Unterschied der 3 Gruppen beruht auf der Oxydationsstufe der drei verbindenden Kohlenstoffatome. Auf die beiden Benzolkerne verteilt die Natur zahlreiche Hydroxyle; in der Art ihrer Anordnung und Besetzung durch Methyl- und Zuckergruppen läßt sich eine gewisse Regelmäßigkeit erkennen:

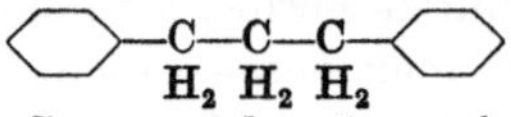

Bei den Flavonolen und Flavonen tritt fast stets der Phloroglucinkern, in einzelnen Fällen statt seiner der des Oxyphloroglucins oder Resorcins auf; der zweite Kern ist meistens, z. B. im Quercetin, der des Brenzcatechins; er ist, allerdings seltener, durch Benzol, Phenol, Resorcin oder Pyrogallol vertreten. Glucoside verschiedenster Art, ferner Methyläther und deren Glucoside sind aufgefunden.

In den Anthocyanidinen ist bisher stets der Phloroglucinkern festgestellt worden; als zweiter Kern kommen Brenzcatechin (z. B. im Cyanidin), Phenol und Pyrogallol vor; des weiteren finden sich Glucoside der verschiedensten Art vor, ferner Methyläther und deren Glucoside.

In den selteneren Phenylstyrylketonen der Natur findet sich meist Phloroglucin vor; in einem Falle Resorcin. Als andere Komponente tritt Brenzcatechin und statt seiner in einem Falle Phenol auf. Verschiedene Glucoside und Methyläther, sowie deren Glucoside sind bekannt.

Den drei genannten Gruppen schließen sich an das Butin, Phloretin und Cyanomaclurin, die bisher allein stehen; die beiden

***

[1]) Auch Chalkone genannt. Typische Vertreter der hier und im folgenden erwähnten Verbindungsklassen sind mit ihren Formeln auf Seite 9 angeführt.

ersteren kommen als Glucoside, Cyanomaclurin in freiem Zustande vor.

Betrachtet man die sonstigen hauptsächlichen Fundstellen für Phloroglucin, so fällt der Blick auf die ungeheuer verbreiteten rotbildenden Phloroglucingerbstoffe und ihre Gerbstoffrote (Phlobaphene), auf die ihnen nahe verwandten Kino- und Catechuarten und schließlich auf eine Anzahl krystallisierter Naturstoffe, die sich um das Gambircatechin, den bekanntesten unter ihnen, gruppieren. Die hochmolekularen Phloroglucingerbstoffe und Rote finden sich in der Pflanze an Stellen abgelagert, die nicht zugleich der Ort ihrer Entstehung sein dürften; sie wandern also vom Ort ihrer Synthese zu der Stelle ihrer Ablagerung. Diese Wanderschaft durch die Zellen können sie jedoch schwerlich in dem hochmolekularen Zustande ausführen, in dem sie schließlich angetroffen werden; es muß vielmehr eine einfachere, bereits gerbstoffartige Grundsubstanz sein, die diesen Weg zurücklegt, um am Ziel zu den hochmolekularen Gebilden kondensiert zu werden. Solche, und zwar krystallinische, Grundsubstanzen sind tatsächlich bekannt, aber sie sind häufig mit Schwierigkeiten und nur unter bestimmten Bedingungen zu fassen, wie das Beispiel der Cola- und Cacaogerbstoffe lehrt. In den an der Luft getrockneten Colanüssen oder Cacaobohnen werden nur undefinierbare, amorphe Gerbstoffe und Rote angetroffen; wenn aber unmittelbar nach der Ernte die oxydierenden oder kondensierenden Fermente abgetötet werden, läßt sich in beiden Fällen der krystallisierte, selbst gerbstoffartige Stammkörper des amorphen Gerbstoffes isolieren. Umgekehrt können diese krystallisierten Stoffe — außer dem Colatin und Cacaol sind in erster Linie das offenbar weitverbreitete Gambircatechin, ferner Acacatechin, Catechin c, Aromadendrin und schließlich auch Cyanomaclurin zu nennen, — mit der größten Leichtigkeit in amorphe Gerbstoffe und Gerbstoffrote übergeführt werden. Gerbstoffe, deren krystallinische Grundstoffe noch nicht gefunden sind, liegen offenbar in den zahllosen, rotbildenden Phloroglucingerbstoffen vor[1]).

---

[1]) Auch Perkin und Everest (Pk. 438 ff.) betonen die nahe Verwandtschaft von Gambircatechin, Acacatechin und Cyanomaclurin mit den rotbildenden Gerbstoffen. Für das Catechin äußert bereits Neubauer [A **96**, 337 (1855)] ähnliche Vorstellungen.

Diesen krystallisierten Grundstoffen, für die ich den Sammelnamen „Catechine" verwende, ist der Phloroglucinkern gemeinsam; die andere Komponente wechselt, am häufigsten findet sich der Rest des Brenzcatechins. Sie enthalten mehr Wasserstoff als die Flavonfarbstoffe, Anthocyanidine und Phenylstyrylketone. Sie sind im Gegensatz zu diesen farblos, auch in ihren Bleisalzen, und bilden, gleichfalls zum Unterschied von jenen, keine Salze mit Mineralsäuren. In kaltem Wasser sind sie schwer, in heißem leicht löslich; manche fällen Leim. Die hervorstechende Eigenschaft der Catechine, die sie der besonderen Anordnung des Phloroglucins verdanken, ist die Fähigkeit, sich durch Fermente oder Mineralsäuren, auch schon durch Erhitzen im trockenen Zustande oder in wässeriger Lösung, mit oder ohne Luftsauerstoff, zu amorphen Gerbstoffen zu kondensieren, deren erste Stufen farblos und wasserlöslich, deren letzte unlöslich und mehr oder weniger gefärbt sind und Gerbstoffrote genannt werden.

Die Catechine schließen sich demnach mit den amorphen Phloroglucingerbstoffen und deren Roten zu einer vierten Gruppe phloroglucinführender Naturstoffe zusammen.. Mit den drei ersten Gruppen verbindet diese vierte eine Reihe von Analogien. Der Phloroglucinkern ist fast immer mit Brenzcatechin kombiniert (z. B. Eichen-, Quebrachogerbstoff; Gambircatechin), seltener mit Resorcin (Cyanomaclurin) oder Pyrogallol (Pistaciarot). Für Methylderivate liegen Anzeichen vor; ferner ist es wahrscheinlich, daß auch Glucoside der Catechine vorkommen, die wie die freien Catechine zu höheren Komplexen kondensiert werden, welch letztere dann noch glucosidisch gebundenen Zucker enthalten. Die Löslichkeitsverhältnisse mancher Gerbstoffe weisen auf eine derartige Kombination hin[1]). Oben ist angegeben, daß viele Catechine wegen ihrer Veränderlichkeit schwer zu fassen sind. Vielleicht tritt in manchen Fällen als weitere Ursache für ihre Unauffindbarkeit ihre Bindung mit Zucker hinzu, der bei Verwendung von Mineralsäuren nicht ohne gleichzeitige Veränderung des Catechins abtrennbar sein wird.

Ob die beiden Benzolkerne, die in den Catechinen und Phloroglucingerbstoffen stets angetroffen werden, nebst den sie immer begleitenden weiteren Kohlenstoffatomen gleichfalls die Gruppie-

---

[1]) Perkin und Everest vermuten gleichfalls Glucoside unter den rotbildenden Gerbstoffen (Pk. 416).

rung des $\alpha\,\gamma$-Diphenylpropans enthalten, ist noch nicht entschieden. Für den einzigen gut untersuchten Körper der ganzen Klasse, das Gambircatechin, ist eine Formel aufgestellt worden, die sich von einem Äthyldiphenylmethan

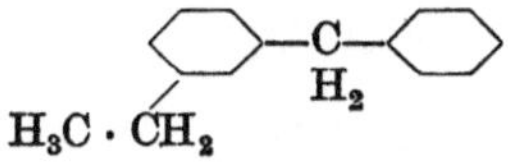

$$\text{H}_3\text{C}\cdot\text{CH}_2 \qquad \langle\ \rangle-\underset{\text{H}_2}{\text{C}}-\langle\ \rangle$$

ableitet. Weiter unten wird dargetan, daß diese von Kostanecki begründete Formel wahrscheinlich im Sinne eines $\alpha\,\gamma$-Diphenylpropanderivates abzuändern ist. Trifft dies zu[1]), so reiht sich das Gambircatechin und mit ihm das vielleicht stereoisomere Acacatechin und Catechin c folgendermaßen unter die übrigen natürlichen Diphenylpropanderivate ein:

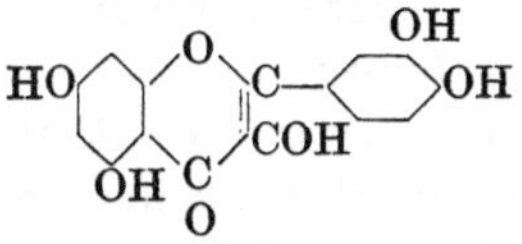

Flavonole; Beispiel: Quercetin $C_{15}H_{10}O_7$[2])

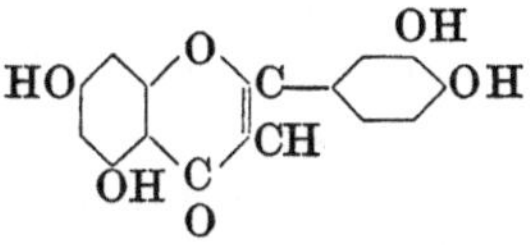

Flavone; Beispiel: Luteolin $C_{15}H_{10}O_6$[2])

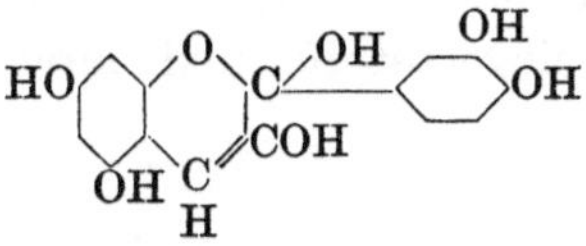

Anthocyanidine; Beispiel: Cyanidin $C_{15}H_{12}O_7$[3])

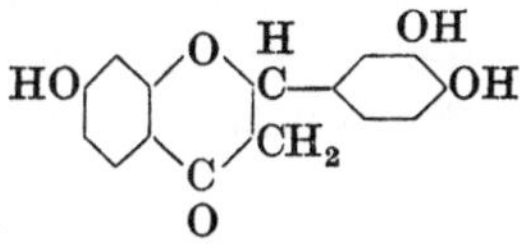

Flavanon: Butin $C_{15}H_{12}O_5$[2])

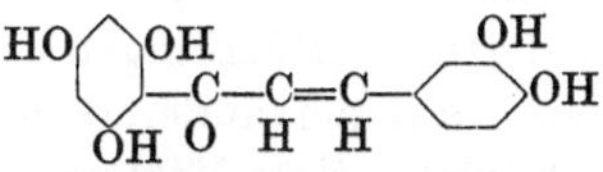

Phenylstyrylketone (Chalkone); Beispiel: Eriodictyol $C_{15}H_{12}O_6$[4])

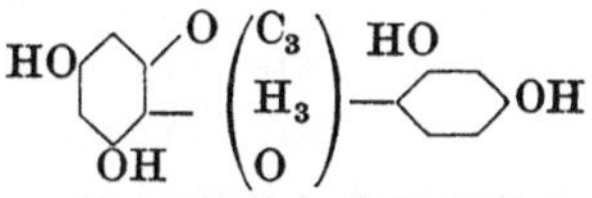

Cyanomaclurin $C_{14}H_{12}O_6$[5])

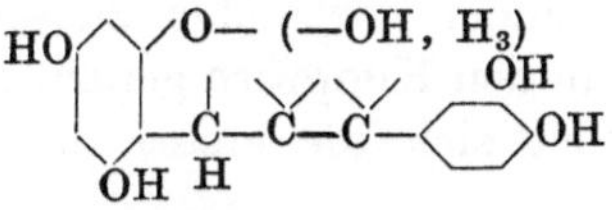

Gambircatechin $C_{15}H_{14}O_6$[6])

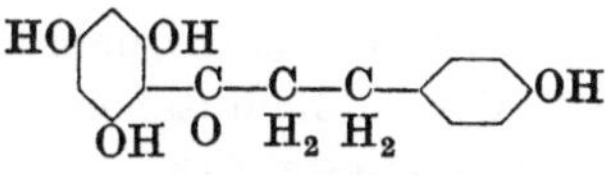

Phloretin $C_{15}H_{14}O_5$[7])

<hr>

[1]) **Anmerkung bei der Korrektur:** Diese Vermutung hat sich inzwischen als richtig erwiesen. Vgl. S. 117, Anm. 4.

[2]) Literatur: Meyer - Jacobson, Lehrbuch der org. Chemie, 2. Band, 3. Teil, 743 ff. (Leipzig 1919).

[3]) Literatur: ebenda, S. 735.

[4]) S. 113.       [6]) S. 115.

[5]) S. 128.       [7]) S. 112.

Betrachtet man die Kette der drei verbindenden Kohlenstoffatome für sich, indem alle Doppel- und Ringbindungen durch
Wasseranlagerung aufgerichtet werden, so gelangt man zu der
folgenden Vergleichsreihe:

| | |
|---|---|
| Flavonol | $>C_3H_6O_5$ |
| Flavon<br>Anthocyanidin | $\Big\}>C_3H_6O_4$ |
| Flavanon<br>Phenylstyrylketon<br>Cyanomaclurin | $\Big\}>C_3H_6O_3$ |
| Gambircatechin<br>Phloretin | $\Big\}>C_3H_6O_2$ |

Die mit Formeln wiedergegebenen Vertreter dieser Klassen
sind die am häufigsten vorkommenden Typen.

Sollte sich herausstellen, daß die hier vertretene Auffassung
des Gambircatechins dennoch zugunsten der Formel Kostaneckis oder einer anderen abzuändern ist[1]), so bleibt trotzdem der
Kern der Catechinhypothese unberührt, der in der Zusammenfassung der Catechine, Phloroglucingerbstoffe und ihrer Rote
zu einer Körperklasse besteht.

––––––

Gallussäureester der Zuckerarten und die sie begleitenden
Ellagsäurederivate einerseits, kondensierte Verbindungen des
Phloroglucins mit Brenzcatechinderivaten auf der anderen Seite
übertreffen alle übrigen Gerbstoffe durch ihr häufiges Vorkommen
und ihre Anhäufung in einzelnen Pflanzenteilen. In nicht allzu
seltenen Fällen scheinen sie nebeneinander vorhanden zu sein,
z. B. im Eichen- und Quebrachoholz; in den Knoppern genannten
Gallen der einheimischen Eiche findet sich die erste, in der
Rinde die zweite Art.

Für die Pflanzenphysiologie ergibt sich, daß diese beiden
Hauptgruppen durchaus gesondert zu behandeln sind, wenn es
auch um die Hilfmittel hierzu vorläufig schlecht bestellt ist.
Der Zusammenhang der Catechin - Gerbstoffe mit den Flavonolen, Flavonen und Anthocyanen ist zweifellos größer als

––––––

[1]) Vgl. vorige Seite, Anm. 1.

mit der ersten Gerbstoffgruppe, und man kann sich nicht der Vorstellung verschließen, daß alle diese Abkömmlinge des Phloroglucins derselben chemischen Apparatur der Pflanze entstammen.

Es gilt als festgestellt, daß die Phenolabkömmlinge, die durch mikrochemischen Nachweis als Gerbstoffe angesprochen werden, vorzugsweise im Blatte entstehen. Da die hochmolekularen Gerbstoffe aber an verschiedenen Stellen der Pflanze vorkommen, in diesem Zustande jedoch schwerlich das Protoplasma durchwandern können, sind es, wie schon erwähnt, nicht die fertigen, hochmolekularen Gerbstoffe, sondern die einfacheren Bausteine, die im Blatte entstehen, als solche abwandern und erst am endgültigen Sitze des Gerbstoffes zu hochmolekularen Gebilden aufgebaut werden. Diese Bausteine sind für die Gallustannine die Gallussäure und deren einfache Verbindungen, für die hochmolekularen Phloroglucingerbstoffe müssen es die Catechine oder deren Glucoside sein.

Zur Synthese der Gallustannine ist in der Pflanze die Mitwirkung von Esterasen oder Glucosidasen nötig; sie kann sich nur in der lebenden Zelle vollziehen. Die Entstehung von Gallussäure muß ihr vorangehen; zu beachten ist, daß die Säure durch die Gerbstoffbildung ganz oder teilweise neutralisiert wird. Der Sitz der Synthese scheint insbesondere an Stellen gesteigerter Lebenstätigkeit zu sein, wie in Blättern, jungen Trieben, Früchten und Gallen. Die hochmolekularen Gerbstoffe der Tanninklasse können, solange sie nicht durch Oxydation oder andere Eingriffe von Grund aus verändert sind, mit den der Pflanze zur Verfügung stehenden Mitteln, den genannten Fermenten, wieder völlig abgebaut werden.

Demgegenüber finden sich die aus den Catechinen entstehenden hochmolekularen Gerbstoffe und Gerbstoffrote vornehmlich in Rinde, Stamm und Wurzeln, wo auch der Sitz ihrer Kondensation aus den hierhin abgewanderten Catechinen zu suchen ist. Diese Reaktion, einerlei, ob es sich um eine einfache Wasserentziehung oder Oxydation, mit oder auch ohne die Beihilfe von Fermenten handelt, fällt zweifellos häufig mit der Desorganisation der Zellen zusammen, verursacht durch physiologische oder nekrotische Vorgänge oder durch den Eingriff der Menschenhand bei der Gewinnung der Gerbmaterialien. Die Art und der Ort der Kondensationsreaktion, die vom Catechin zum amorphen Gerbstoff und Rot führt, zwingen zur Annahme, daß die Mittel der Pflanze schwerlich ausreichen dürften, den Vorgang wieder rückgängig zu machen.

Dem Studium der Entstehung und Bedeutung der Gallusgerbstoffe vom Tannintyp wird demnach die Kenntnis von der Bildung der Gallussäure vorausgehen müssen, während die physiologische Rolle der Catechingerbstoffe im Zusammenhange mit den Pflanzenfarbstoffen zu erforschen ist[1]). Die alte, bereits abgetane Vorstellung vom Zusammenhange der Gerbstoffe mit den Anthocyanen lebt somit in etwas präzisierter Form wieder auf.

Um Mißverständnissen vorzubeugen, sei nochmals betont, daß mit den beiden hier hervorgehobenen Klassen: der Gallusgerbstoffe vom Typ der Zuckerester und der Catechingerbstoffe — nur die zwei am meisten ins Auge springenden Gerbstoffarten herausgegriffen sind, und daß sich weite Gebiete, z. B. die unzähligen kaffeesäurehaltigen Naturstoffe, bisher fast ganz der Betrachtung entziehen.

---

[1]) Vgl. Dkk. 378 u. Pk. 451.

# A. Analytischer Teil.

## 1. Erkennungsreaktionen.

**Leimfällung.** Das herkömmliche Kennzeichen der Gerbstoffe ist die Fällungsreaktion mit Leimlösung. Eine halbprozentige Gelatinelösung, die durch etwas Chloroform vor Schimmelbildung geschützt ist, wird vor dem Gebrauche verflüssigt und auf Zimmertemperatur abgekühlt. Dazu wird die gleiche Menge einer halbprozentigen wäßrigen Lösung des zu prüfenden Stoffes gegeben. Bleibt die Fällung bei gewöhnlicher Temperatur aus, so kann sie dennoch bei 0° eintreten, oder die Probe muß mit einer stärkeren Gerbstofflösung wiederholt werden. Dabei soll die Menge des angewendeten Gerbstoffs im allgemeinen nicht hinter dem Gehalt an Gelatine zurückbleiben. Um den im Wasser nahezu unlöslichen Tetragalloylerythrit auf Leimfällung zu prüfen, haben E. Fischer und M. Bergmann[1]) die wäßrig-alkoholische Lösung des Gerbstoffs mit Gelatinelösung versetzt.

Chemisch einander nahestehende Stoffe können sehr verschieden mit Leim reagieren. Unter den geschilderten Umständen erzeugen Gallussäuremethylester und Protocatechualdehyd Niederschläge, während die zugehörigen Säuren nicht reagieren. Deutlicher wird der Niederschlag, wenn man eine kleine Probe in einer halbprozentigen Gelatinelösung heiß aufnimmt und abkühlt. Unter diesen Umständen geben auch Pyrogallolcarbonsäure, Salicylsäure, Kaffeesäure und p-Oxybenzaldehyd eine opalisierende Trübung, bevor sie auskrystallisieren. Gallussäure erzeugt nur in starker Leimlösung eine Fällung: wird eine kleine Probe mit einer 10 proz. Gelatinelösung übergossen, heiß gelöst und abgekühlt, so entsteht eine dicke, weiße, zähe Abscheidung.

---

<sup></sup>1) B. **52**, 843 [1919]; Dps 409.

p-Oxybenzoesäure, Protocatechusäure, Pyrogallolcarbonsäure und Chlorogensäure[1]) verhalten sich ebenso, während Chinasäure und Phloroglucin diese Erscheinung nicht zeigen. In Gegenwart von Kochsalz werden Gallussäure und Chlorogensäure schon von verdünnter Leimlösung gefällt. Auch wenn Gummi arabicum der Gallussäure beigemengt ist, das für sich allein ebensowenig wie Gallussäure einen Niederschlag mit verdünnter Leimlösung bildet, tritt Leimfällung ein[2]). Mit dieser Erscheinung hängt wohl die Tatsache zusammen, daß das Gemisch von Caramel und Tannin von Hautpulver stärker adsorbiert wird als beide einzeln zusammengerechnet[3]). Auch die oft hochmolekularen Zersetzungs- und Umwandlungsprodukte, die jedem Rohgerbstoff beigemengt sind, können die Leimreaktion verursachen und dahin führen, daß die Fähigkeit, Leim niederzuschlagen, Stoffen zuerkannt wird, die sie nicht besitzen. So hat sich herausgestellt, daß die Leimfällung der vermeintlichen Kaffeegerbsäure von beigemengten Zersetzungsprodukten herrührt[4]).

Die Fällbarkeit des Tannins durch Gelatine nimmt mit dem Aschengehalt der letzteren ab[5]). Deshalb fällen Gelatinepräparate verschiedener Darstellung ungleiche Tanninmengen[6]). Die Leimfällung ist in heißem Wasser etwas löslich. Infolgedessen wird daraus durch anhaltendes Kochen mit viel Bleicarbonat ein Teil des Leims in Freiheit gesetzt[7]). Alkohol löst aus der Leimtanninfällung fast den ganzen Gerbstoff heraus.

Die Leimreaktion wird nie ihre Bedeutung als Merkmal für die typischen Vertreter der Gerbstoffe verlieren. In die chemische Betrachtung müssen jedoch manche Stoffe ähnlicher Art einbezogen werden, auch wenn sie die Leimfällung nicht geben.

Die Reaktion ist nicht die Funktion einer bestimmten Atomgruppe. Zum Zustandekommen der Fällung ist nötig, daß im Molekül des Gerbstoffs eine genügende Zahl von Phenolhydroxylen angehäuft ist und daß trotzdem der Gerbstoff in seinem krystalli-

---


[1]) Vgl. S. 75.

[2]) Pelletier, A. ch. [1] 87, 106 [1813]. Ich kann diese Beobachtung bestätigen.

[3]) Dufour, C. 1904 II, 1770.

[4]) Gorter, Ann. Jard. bot. Buitenzorg (2) 8, 69 (1909).

[5]) Wood, C. 1909 I, 385.

[6]) Wood u. Trotmann, Z. Ang. 19, 208 [1906].

[7]) Löper, Trommsd. N. Journ. 5, 339 [1821].

sierten Zustande in kaltem Wasser schwer löslich ist. Daher tritt, im Gegensatz zu den leichter löslichen Substanzen, wie Pyrogallol, Gallussäure und Monogalloylglucose die Leimreaktion in verdünnter Lösung ein bei den schwer löslichen Gallussäureestern, der Digallussäure und den eigentlichen Gerbstoffen, die sämtlich an und für sich, wenn sie krystallisierten, schwer löslich wären[1]). Daß die mit Nebenvalenzen ausgestattete Pikrinsäure gleichfalls $^{1}/_{2}$proz. Leimlösung fällt, läßt darauf schließen, daß noch andere Momente als die Zahl der Hydroxyle und die Löslichkeit zur Entstehung der Leimfällung beitragen können[2]). Die wässrige Lösung von Veratrumaldehyd gibt mit chinesischem Tannin eine Fällung, die dem Leimniederschlag täuschend ähnlich sieht.

**Alkaloidfällung.** Mit vielen anderen Fällungsmitteln für Eiweiß teilen die Gerbstoffe die Eigenschaft, Alkaloide oder basische Farbstoffe[3]) niederzuschlagen. Die Reaktion läßt sich bis hinab zu den einfacheren organischen Basen verfolgen: Antipyrin, Chinolin und Pyridin[4]) geben in verdünnter wäßriger Lösung schwer lösliche Niederschläge. Aber auch wenn man die Reihe der Gerbstoffe hinabsteigt bis zu den einfacheren Phenolen, finden sich Analogien. Chinolin (2 Mol.) bildet mit Resorcin (1 Mol.) eine krystallinische Verbindung, die sich in 400 Teilen kaltem Wasser löst. Eine entsprechende Verbindung geht Hydrochinon ein[5]). Von gleich geringer Löslichkeit ist die Verbindung von einem Mol. Chinin mit einem Mol. Phenol; auch Salicylsäure und Chinin[6]), Phenol und Chininsulfat[7]) usw.[8]), ferner Antipyrin und Phenole, z. B. Brenzcatechin[9]) bilden zum Teil recht schwer lös-

---

[1]) S. 22.

[2]) Über die außerordentliche Fähigkeit der Phenole, Additionsverbindungen der verschiedensten Art einzugehen, vgl. Kendall, Am. Soc. **38**, 1309 [1916] oder R. F. Weinland u. Bärlocher, B. **52**, 147 [1919].

[3]) Ssanin, C. 1911, I, S. 1899.

[4]) Hochprozentiges Pyridin ist dagegen ein ausgezeichnetes Lösungsmittel für Gerbstoffe.

[5]) Hock, B. **16**, 886 [1883].

[6]) J. Jobst, Jahresbericht 1875, 769.

[7]) Cotton, Bl. [2] **24**, 535 [1875].

[8]) Jobst u. Hesse, A. **180**, 248 [1876].

[9]) Patein, Dufau, Bl. [3] **15**, 172, 609, 846, 1048 [1896]; vgl. Kremann u. Haas, M. **40**, 155 [1919].

liche kristallinische Salze. Verbindungen des Brenzcatechins und Pyrogallols mit Hexamethylentetramin beschreiben Tollens und Moschatos[1]); Mylius[2]) berichtet über Anilinsalze des Hydrochinons (schwer löslich), Phenols, Brenzcatechins und Pyrogallols. Phenylhydrazin bildet mit verschiedenen einfachen Phenolen sehr schwer lösliche Salze[3]). Salicylsaures Antipyrin braucht mehr als 200 Teile kalten Wassers zur Lösung; auch das gallussaure Anilin ist nicht leicht löslich[4]). Kaffeesaures Coffein beschreibt Hlasiwetz[5]); schwer löslich und schön krystallisiert sind die Salze des Pyrogallols und Phloroglucins mit dem gleichen Alkaloid[6]). Das leicht lösliche chlorogensaure Kalium bildet mit Coffein ein schwer lösliches Salz, das zur Isolierung der Chlorogensäure dient[7]). Paulliniacatechin, Colatin und Cacaol[8]) krystallisieren gleichfalls mit Coffein. Die unlöslichen Alkaloidfällungen der Gerbstoffe stehen mit diesen zum Zeil schwer löslichen krystallinischen Phenolsalzen in einer Reihe. Anthocyane werden durch Alkaloide gleichfalls ausgefällt[9]).

**Metallsalze.** Als mehrwertige Phenole lassen sich die Gerbstoffe durch zahlreiche Metalle niederschlagen. Die Natriumsalze sind im allgemeinen leicht löslich. Durch Ammonium- oder Kaliumcarbonat werden dagegen zahlreiche Gerbstoffe gefällt[10]). Die Reaktion läßt sich zur Abscheidung von Gerbstoffen verwenden[11]). Am besten werden die Kaliumsalze — allerdings häufig acetathaltig — durch Fällen der alkoholischen Gerbstofflösung mit alkoholischem Kaliumacetat bereitet[12]). Diese Reaktion hat gleichfalls präparative Bedeutung erlangt, da sich viele dieser Salze in warmem Wasser lösen und in der Kälte wieder

---

[1]) A. **272**, 281 (1893).

[2]) B. **19**, 1002 (1886).

[3]) Ciusa, Bernardi, G. **40**, II 158 (1910).

[4]) Schiff, A. **272**, 237 (1893).

[5]) A. **142**, 226 (1867).

[6]) 1:1 Mol.; Ultée, Chem. Weekbl. **7**, 32 (1910).

[7]) Payen, A. ch. (3) **26**, 108 (1849).

[8]) S. 123, 126 u. 127.

[9]) Nach Czapek, Bioch. d. Pflanzen, 2. Aufl. I, 587 (Jena 1913).

[10]) Die Beobachtung ist alt, vgl. Richter, Crells Annalen 1787 I, 140, oder Macquers Dictionnaire de Chymie (Chymisches Wörterbuch, II. Ausgabe, übers. v. Leonhardy, Leipzig 1788, II. Teil, S. 603).

[11]) S. 34.

[12]) A. G. Perkin, Soc. **75**, 433 (1899).

ausfallen[1]). Nach Perkin[2]) bilden viele Phenole schwer lösliche krystallinische Kaliumsalze. Die Fällbarkeit zahlreicher Gerbstoffe durch Kaliumverbindungen hat demnach gleichfalls eine Analogie bei den einfachen, krystallinischen Typen[3]).

Die übrigen Metalle bilden Niederschläge, die meistens nahezu unlöslich sind. Wenn der Gerbstoff eine Carboxylgruppe enthält, so tritt häufig die Fällung erst ein, nachdem das Carboxyl abgesättigt ist. Die amorphen Metallsalze der Gerbstoffe sind in ungezählten Fällen analysiert worden, ohne daß damit die Gerbstoffchemie um eine wesentliche Erkenntnis bereichert worden wäre. Die Niederschläge sind gewöhnlich nicht nach stöchiometrischen Verhältnissen zusammengesetzt.

Die Erdalkalihydroxyde geben starke, meist gefärbte Fällungen, die sich gewöhnlich an der Luft oxydieren. Von den übrigen Metallfällungen haben vornehmlich die des Bleis präparative Bedeutung erlangt. Das Metall kommt in Form seiner Acetate zur Verwendung. Die Bleisalze bilden voluminöse, flockige Niederschläge und sind in Essigsäure löslich. Von verdünnter Essigsäure werden die Bleisalze der kondensierten Gerbstoffe leichter gelöst als die der Gallusgerbstoffe[4]).

Da bei der Fällung, auch wenn basisches Acetat verwendet wird, stets Essigsäure in Freiheit tritt, bleibt die Ausfällung häufig unvollständig. Es ist dann nötig, die freiwerdende Essigsäure durch Kochen mit Bleicarbonat abzustumpfen[5]). Kochen mit Bleicarbonat allein, auch wenn es frisch gefällt ist, führt nicht sicher bis zur völligen Entgerbung, d. h. bis zum Verschwinden der Eisenchloridreaktion im Filtrat. Die Unterschiede in der Anwendung von neutralem und basischem Bleiacetat werden in einem späteren Abschnitte auseinandergesetzt[6]).

Neuerdings hat Thallium Verwendung gefunden[7]), dessen Gerbstoffsalze, was die Löslichkeit anbelangt, etwa zwischen denen des Kaliums und des Bleis stehen.

[1]) S. 34 u. 97.
[2]) l. c.
[3]) Vgl. hierzu Weinland, Bärlocher B. **52**, 147 (1919).
[4]) Stiasny, Wilkinson, Collegium **1911**, 475.
[5]) B. **45**, 923 (1912); Dps. 272.
[6]) S. 32.
[7]) K. Freudenberg, B. **52**, 1238 (1919); K. Freudenberg und G. Uthemann, B. **52**, 1509 (1919).

Brechweinsteinlösung fällt viele Gerbstoffe. Fehlingsche Lösung wird reduziert[1]). Soll eine Gerbstofflösung auf Zucker geprüft werden, so muß vorher aller Gerbstoff bis zum Verschwinden der Eisenfärbung entfernt sein.

**Farbenreaktionen mit Metallen.** Alkalische Gerbstofflösungen sind stets gelb oder braun gefärbt. Meistens verstärkt sich die Farbe durch Oxydation an der Luft zu braunschwarz oder dunkelgrün. Die Hydroxyde der Erdalkalimetalle erzeugen bräunliche, blaue, grüne oder rote Fällungen[2]).

Charakteristischer sind jedoch die Farbenreaktionen mit Ferrisalzen. Die reinsten Farben werden in Alkohol erhalten. Liegt ein Pyrogallolderivat vor, so genügt es, einige Milligramme in 10 ccm Alkohol zu lösen und sehr vorsichtig verdünnteste alkoholische Eisenchloridlösung zuzusetzen. Die Färbung ist rein kornblumenblau. Ein Überschuß von Eisenchlorid ist sorgfältig zu vermeiden, weil die blaue Lösung durch die gelbe Farbe des Eisenchlorids einen Stich ins Grünliche erhalten kann. Zur Ausführung der Reaktion in wäßriger Lösung ist Eisenalaun dem Eisenchlorid vorzuziehen, weil er weniger sauer ist.

Blaue Färbung liefern außer den Pyrogallolderivaten noch zahlreiche andere Phenolabkömmlinge, z. B. Vanillin, Gentisinsäure, Morphin.

Die sogenannten eisengrünenden Gerbstoffe liefern viel schwächere Farbtöne, die durch Pyrogallolderivate leicht verdeckt werden können, selbst wenn diese nur in geringer Menge beigemengt sind. Infolgedessen herrscht viel Unsicherheit in der Beurteilung der Farben (z. B. beim Rindengerbstoff von Quercus robur), und es ist nicht zulässig, die Farbenreaktion allein für eine Gruppeneinteilung maßgebend zu machen. Man kann deshalb Wackenroder[3]) und Wagner[4]) zustimmen, daß der Unterschied zwischen den eisenbläuenden und eisengrünenden Gerbstoffen keineswegs einschneidend ist. Wagner kam zu dieser Auffassung durch die Beobachtung, daß „ein mit Essig oder Weinsäure versetzter Galläpfelaufguß Eisenoxydsalze grün fällt, umgekehrt aber die sogenannten eisengrünenden Gerbsäuren der

---

<sup></sup>[1]) Mit Ausnahme des Quebrachogerbstoffs (S. 138).
[2]) Vgl. S. 17.
[3]) A. **31**, 79 (1839).
[4]) J. pr. **51**, 96 (1850).

Chinarinde und des Catechus Eisenoxydsalze blau fällen, wenn sie eine kleine Menge eines freien Alkalis enthalten. So wird auch eine Verbindung des eisengrünenden Maclurins mit Bleioxyd auf Zusatz von schwefelsaurem Eisenoxyd blau".

Wer dennoch an einer Einteilung, die sich auf die Eisenreaktion gründet, festhalten wollte, müßte gänzlich verschiedene Substanzen, wie z. B. Gambircatechin und Chlorogensäure, die Eisen grünen, derselben Gruppe zuteilen; der eisenbläuende, rotbildende Pistacia-Gerbstoff[1]), in dem die Pyrogallol- und Phloroglucinreste kondensiert verbunden sind, würde aus der Reihe der übrigen Phloroglucin-Gerbstoffe, die fast alle Eisen grünen, herausfallen. Damit wäre jede von chemischen Gesichtspunkten geleitete Einordnung durchbrochen.

Die Träger dieser Farbenreaktionen sind komplexe, stark saure Verbindungen des 3-wertigen Eisens mit den Phenolen. Sie krystallisieren bei den einfacheren Phenolderivaten[2]) und sind neuerdings von R. F. Weinland und Mitarbeitern[3]) eingehend untersucht worden.

Ammoniummolybdat bildet mit vielen Phenolen in wäßriger Lösung starke Färbungen. Gallussäurederivate färben sich tief granatrot. Auch die wäßrige Lösung der Vanadinsäure und ihres Ammoniumsalzes ist zu Farbenreaktionen empfohlen worden.

Zum Nachweis von freier Gallussäure neben gebundener dient die von Sidney Young[4]) entdeckte Cyankalireaktion. Einige Tropfen der zu prüfenden Lösung werden im Reagensglase mit 1—2 ccm einer nicht zu verdünnten wäßrigen Cyankalilösung versetzt. Bei der Gegenwart der geringsten Menge von Gallussäure nimmt die Lösung eine schöne Rosafärbung an, die kurz darauf verblaßt und beim Schütteln wiederkehrt. Der Vorgang läßt sich viele Male wiederholen. Er ist wohl damit zu erklären, daß die Gallussäure in dieser alkalischen Lösung durch den Luftsauerstoff zu einer mit roter Farbe löslichen Verbindung oxydiert wird, die das überschüssige Cyankali durch Reduktion in eine schwach gefärbte Substanz verwandelt. Die Reaktion läßt sich für ganz bestimmte Zwecke noch empfindlicher gestalten, wenn ein Tropfen

---

[1]) S. 141.
[2]) Hopfgartner, M. **29**, 689 (1908).
[3]) z. B. B. **47**, 977 (1914).
[4]) Chem. News **48**, 31 (1883).

der Gallussäure-Cyankalilösung auf Filtrierpapier gebracht wird. Die anfangs fast farblose Stelle wird rot, nach etwa 15 Sekunden ist der Höhepunkt der Färbung erreicht. Das Rot verblaßt und macht einem kräftigen Schwefelgelb Platz. In dieser Ausführung ist die Reaktion geeignet, neben der Gallussäure die Gegenwart anderer Stoffe von ähnlicher, aber schwächerer und langsamer eintretender Farbenreaktion anzuzeigen, wie dies bei einer aus Chebulinsäure isolierten Säure der Fall ist[1]).

Tannin und alle anderen Verbindungen, die gebundene Gallussäure enthalten, zeigen, soweit es bisher bekannt ist, die Cyankalireaktion, im Reagensglas ausgeführt, nicht oder äußerst schwach. In dieser Form dient die Reaktion zur Unterscheidung von gebundener und freier Gallussäure. Auf dem Filtrierpapier ausgeführt, ist die Reaktion hierfür zu scharf, da die geringen Mengen der durch Hydrolyse während der Reaktion aus dem Tannin freiwerdenden Gallussäure zu der Annahme verleiten können, diese sei in freiem Zustande beigemengt.

**Einzelne Reaktionen.** Arsensäure bildet mit gewissen Phenolen komplexe Einwirkungsprodukte. Den krystallinischen Verbindungen der Arsensäure mit Brenzcatechin[2]) und Pyrogallol[3]) reihen sich die gallertigen Produkte an, die aus vielen Gerbstoffen mit alkoholischer Arsensäure gewonnen werden. Nach Walden[4]) wird eine 10proz. alkoholische Tanninlösung mit dem halben bis gleichen Volumen einer etwa 5proz. Lösung von Arsensäure in Alkohol versetzt. Die ganze, anfangs leicht bewegliche Flüssigkeit koaguliert und stellt nach kurzer Zeit eine im Ansehen unveränderte, durchsichtige, glasartige Masse dar. Die Reaktion ist, wenn sie überhaupt eintritt, jedesmal von bestimmten Konzentrationen abhängig und wird zum Vergleich der Gerbstoffe untereinander und mit ihren synthetischen Nachbildungen verwendet[5]).

Kaliumbichromat erzeugt in den wäßrigen Lösungen der Gerbstoffe teils Dunkelfärbung, teils dunkle, körnige Nieder-

---


[1]) K. Freudenberg, B. **52**, 1241 (1919).
[2]) R. F. Weinland u. J. Heinzler, B. **52**, 1316 (1919).
[3]) A. Sonn, B. **52**, 1704 (1919).
[4]) B. **31**, 3173 (1898).
[5]) Walden, l. c.; E. Fischer, K. Freudenberg, B. **45**, 931 (1912), Dps 281; E. Fischer, M. Bergmann, B.**51**, 1771, 1781 (1918), Dps 360, 371.

schläge. Auch Gallussäure, Hydrochinon, Brenzcatechin und Pyrogallol reagieren ähnlich; nicht dagegen Resorcin, Protocatechusäure und Phloroglucin[1]).

Bromwasser fällt die wäßrige Lösung zahlreicher Gerbstoffe. Es scheint, daß die Reaktion vorwiegend mit denjenigen Gerbstoffen eintritt, aus denen bei der Kalischmelze Phloroglucin oder Protocatechusäure entsteht[2]). Es ist dies im großen und ganzen die Gruppe der kondensierten Gerbstoffe. Gallusgerbstoffe der Tanninklasse geben diese Reaktion nicht.

Mit Formaldehyd und Salzsäure gekocht bilden die gleichen Gerbstoffe einen Niederschlag. Diese von Stiasny[3]) eingeführte Reaktion geht auf Beobachtungen von Baeyer[4]) zurück. Gallussäuretannine geben diese Fällung nicht mit derselben Leichtigkeit[5]).

Fehlingsche Lösung wird von vielen Gerbstoffen reduziert[6]).

Eine Reaktion, die gebundene Ellagsäure anzeigt, beruht auf der Anwendung von salpetriger Säure. In einer Porzellanschale werden zu mehreren Kubikzentimetern der sehr verdünnten wäßrigen Lösung einige Krystalle Natrium- oder Kaliumnitrit und 3 bis 5 Tropfen $n/_{10}$ Schwefel- oder Salzsäure gegeben. In typischen Fällen wird die Lösung augenblicklich rosen- oder carmoisinrot und geht dann langsam durch Purpur in Indigoblau über, während in anderen Fällen, wenn die Reaktion schwach ist oder durch andere Substanzen beeinflußt wird, die Endfarbe grün oder bräunlich ist. Bei Abwesenheit von gebundener Ellagsäure entsteht nur eine gelbe bis braune Färbung oder Fällung. Freie Ellagsäure wird nicht angezeigt[7]).

Goldchloridlösung wird durch Gerbstoffe zu einer roten Lösung von kolloidalem Gold reduziert[8]).

---

[1]) Nickel, Dissertation, Jena 1888; Die Farbenreaktionen, II. Aufl., Berlin 1890.

[2]) Ausnahme: Pistacia-Gerbstoff. Beim Maclurin und Catechin ist erwiesen, daß die Bromierung zuerst im Phloroglucinkern einsetzt (S. 117 u. 118).

[3]) Der Gerber **1905**, 186, 202.

[4]) B. **5**, 1096 (1872). Vgl. Clauser, B. **36**, 106 (1903).

[5]) Vgl. Winther, Patente I, 553.

[6]) Lidforss, Bot. Centralbl. **59**, 281 (1894).

[7]) Procter - Paessler, Leitfaden für gerbereichemische Untersuchungen, S. 78 (Berlin 1901).

[8]) Seyda, Ch. Z. **22**, 1085 (1898); **23**, 90 (1899).

Phloroglucinderivate, wie Phloretin, Hesperetin, Maclurin, Gambircatechin und Cyanomaclurin geben die Salzsäure-Fichtenspanreaktion auf Phloroglucin. Flavonfarbstoffe[1]), sowie Phloracetophenon[2]) zeigen diese Reaktion nicht. Als Reagens auf Phloroglucin, Catechin und Catechinderivate empfiehlt Joachimowitz p-Dimethylaminobenzaldehyd mit Schwefelsäure[3]).

## 2. Verhalten in Lösung.

**Wasser.** Die Betrachtung muß auch hier von den einfachen Phenolderivaten über die krystallinischen Gerbstoffe zu den hochmolekularen, amorphen Vertretern dieser Körperklasse ihren Weg nehmen. Daß die in Wasser kolloidal gelösten amorphen Gerbstoffe in ihrer nicht realisierbaren, krystallinischen Form als schwer löslich anzusehen sind, soll durch Beispiele anschaulich gemacht werden, die sich den in der Einleitung wiedergegebenen[4]) anschließen.

Gallussäure löst sich in etwa 100 Teilen Wasser von gewöhnlicher Temperatur. Ihr Didepsid, die krystallinische Digallussäure, braucht etwa 1900 Teile[5]). Bei der Protocatechusäure und ihrem krystallisierten Didepsid liegen die Verhältnisse ähnlich[6]). Beide freien Phenolcarbonsäuren haben keine Gerbstoffeigenschaften; dagegen kommen diese den Didepsiden in jeder Hinsicht zu, besonders in ihrer übersättigten Lösung. Diese einfachsten Beispiele zeigen also, daß der Übergang zum Gerbstoff bei den krystallinischen Formen von einer starken Verminderung der Löslichkeit begleitet ist.

Digalloylglycol und Tetragalloylerythrit[7]), beide krystallinische Substanzen, sind selbst in heißem Wasser schwer löslich. Zwischen ihnen steht das amorphe, bisher nicht krystallisierte Trigalloyl-

[1]) A. G. Perkin u. Yoshitake, Soc. **81**, 1172 (1902); A. G. Perkin, Soc. **87**, 716 (1905); vgl. S. 118.

[2]) K. Hoesch, B. **48**, 1122 (1915).

[3]) C. 1917, II, 395.

[4]) S. 2 u. 3.

[5]) E. Fischer, M. Bergmann, W. Lipschitz, B. **51**, 62 (1918), Dps 449.

[6]) E. Fischer, K. Freudenberg, A. **384**, 225 (1911), Dps 129.

[7]) E. Fischer, M. Bergmann, B. **52**, 829 (1919), Dps 395.

glycerin[1]), eine tanninartige, in Wasser leicht lösliche Masse. Der gleichfalls amorphe Hexagalloylmannit verhält sich ebenso wie die Glycerinverbindung. Beide wären in krystallisiertem Zustande in Wasser ohne Zweifel schwer löslich.

Die Reihe der Galloylhexosen zeigt ein ähnliches Bild. Die krystallisierte 1-Monogalloyl-$\beta$-Glucose löst sich zu wenigen Prozenten in kaltem Wasser[2]); Di-galloyl-hexosen, z. B. das krystallisierte Hamamelitannin[3]) und die aus Chebulinsäure gewonnene Digalloylglucose[4]) sind in kaltem Wasser viel schwerer löslich. Für eine krystallisierte Tri-galloyl-glucose wäre demnach eine noch geringere Löslichkeit in kaltem Wasser zu erwarten, aber die einzige bekannte Verbindung dieser Zusammensetzung[5]), ein echter synthetischer Gerbstoff, ist amorph und in Wasser leicht löslich. Daß die höheren Glieder dieser Reihe in krystallinischem Zustande in kaltem Wasser sehr schwer löslich wären, ist danach eine zulässige Annahme; insbesondere gilt dies für die von der Digallussäure, die selbst schon sehr schwer löslich ist, abgeleiteten Tannine.

In einzelnen Fällen läßt sich ein und derselbe Gerbstoff krystallisiert oder amorph erhalten. Die in kaltem Wasser nahezu unlösliche Di-galloyl-glucose löst sich, sobald sie ihres Krystallwassers beraubt ist, in kaltem Wasser spielend auf und krystallisiert dann langsam aus[6]). Auch ein krystallisiertes Catechin (aus Acacia catechu?) verhält sich ähnlich[7]).

Unter den hier angeführten Verbindungen nehmen das Digalloylglycol und der Tetragalloylerythrit eine besondere Stellung

---

[1]) E. Fischer, M. Bergmann, B. **52**, 829 (1919), Dps 395.

[2]) E. Fischer, M. Bergmann, B. **51**, 1795 (1918), Dps 385. Die Löslichkeit ist groß genug, um die Leimfällung nicht aufkommen zu lassen. Eine andere Monogalloylglucose [E. Fischer, M. Bergmann, B. **51**, 311 (1918), Dps 500] ist amorph und in Wasser leicht löslich.

[3]) K. Freudenberg, B. **52**, 181 (1919), Dps 520; reinstes Hamamelitannin krystallisiert noch aus etwa 1 proz. Lösung. Die Leimfällung ist nicht sehr stark und bleibt in verdünntester Lösung aus.

[4]) K. Freudenberg, B. **52**, 1245 (1919). Dieser Gerbstoff ist in kaltem Wasser so gut wie unlöslich und gibt eine starke Leimfällung.

[5]) E. Fischer, M. Bergmann, B. **51**, 303 (1918) Dps 491.

[6]) K. Freudenberg, B. **52**, 1245 (1919).

[7]) Svanberg, Ann. d. Physik **39**, 165 (1836). Vgl. S. 119.

ein, da sie selbst in heißem Wasser so schwer löslich sind und so leicht krystallisieren, daß es unmöglich ist, Lösungen herzustellen, die denen der Gerbstoffe vergleichbar wären. Alle übrigen krystallisierten Gerbstoffe, zu denen sich außer den oben angeführten noch die Digentisinsäure, die Di-$\beta$-Resorcylsäure[1]), die Chebulinsäure und, neben verschiedenen Catechinen, das Maclurin gesellen, lösen sich in warmem Wasser leicht auf und bilden sämtlich bei gelinder Wärme oder bei Zimmertemperatur Lösungen, die längere oder kürzere Zeit übersättigt bleiben und in diesem Zustande die Eigenschaften von Gerbstofflösungen zeigen. Eine solche beschränkte Löslichkeit in Wasser gehört zu den Kennzeichen eines krystallisierten Gerbstoffes. Es verdient hervorgehoben zu werden, daß alle diese Stoffe außer dem Digalloylglycol und dem Tetragalloylerythrit Krystallwasser binden.

Nach diesen Darlegungen kann behauptet werden, daß eine wäßrige Gerbstofflösung die übersättigte Lösung einer in der Kälte schwer wasserlöslichen krystallinischen Substanz ist und daß für den Zustand des gelösten Stoffes sein Vermögen, Krystallwasser zu binden, von Bedeutung ist. Vielleicht trägt die Fähigkeit, Hydrate zu bilden, zu der Neigung bei, in Lösung übersättigt zu bleiben.

Zur näheren Kennzeichnung des kolloidalen Lösungszustandes mögen folgende Feststellungen dienen. Häufig gestehen Gerbstofflösungen, statt zu krystallisieren, zu Gallerten. Solche Beobachtungen liegen vor an der Diprotocatochusäure, Digallussäure[2]) und dem Hamamelitannin[3]). In anderen Fällen vermögen sich Gerbstofflösungen von einer gewissen Konzentration an milchig zu trüben und zu entmischen. Hierzu neigt gleichfalls das Hamamelitannin[4]), ferner die Chebulinsäure, der Gallussäuremethylester, das chinesische Tannin und der Quebrachogerbstoff. Die amorphen Gerbstoffe sind als Semikolloide[5]) anzusehen. Die Teilchengröße dürfte bei der regen Wechselwirkung zwischen Gerbstoff und Wasser den Regeln des Gleich-

---

[1]) E. Fischer u. K. Freudenberg, A. **384**, 225 (1911), Dps 129.

[2]) E. Fischer, K. Freudenberg A. **384**, 238 u. 242 (1911), Dps 139, 141.

[3]) K. Freudenberg B. **52**, 181 (1919), Dps 520.

[4]) Grüttner, Ar. **236**, 278 (1898).

[5]) R. Zsigmondy, Kolloidchemie, II. Aufl., Leipzig 1918, S. 30.

gewichts unterworfen sein, das abhängig ist von der Konzentration, Wärme, von Beimengungen usw. Hiermit stimmt überein, daß auch die stets amorphen, kolloidalen Gerbstoffe, z. B. die Galläpfeltannine durch Dialysiermembranen, wenn auch langsam, diffundieren. An der Berührungsstelle der Sole mit dem reinen Wasser ändert sich die Teilchengröße, und zwar, wie man annehmen darf, im Sinne der Verkleinerung. In organischen Lösungsmitteln dialysiert Tannin weit schneller als in wäßriger Lösung[1]). Wasserlösliche Gerbstoffe sind durch Mineralsäuren und -salze teilweise ausflockbar und lösen sich wieder in reinem Wasser[2]). In wäßriger Lösung zeigt Galläpfeltannin (welcher Darstellung?) stark das Tyndall-Phänomen; in Eisessig ist die Erscheinung schwächer[3]).

Die Gerbstoffe sind in hohem Maße befähigt, wesensähnliche, amorphe Substanzen, auch wenn diese schwer- oder unlöslich sind, in Lösung zu bringen oder zu halten. Solche Stoffe sind die massenhaft in der Natur verbreiteten Gerbstoffrote oder Phlobaphene[4]) oder ähnlichen Produkte, welche die Gerbstoffe fast stets begleiten. Sie verhalten sich in kolloidchemischer Hinsicht anders als die löslichen Gerbstoffe, denn sie können für sich allein, trotz ihrer stets amorphen Beschaffenheit, nicht oder nur in geringem Maße in wäßrige Lösung gebracht werden und kommen den irresolublen, aber peptisierbaren Kolloiden nahe, — vielleicht auch darin, daß die Größe ihrer Primärteilchen sich nicht nach der Konzentration usw. einstellt. Erschwert wird die Unterscheidung der beiden Arten aber dadurch, daß die Mischungen selten gänzlich getrennt werden können und daß ferner alle denkbaren Übergänge zwischen ihnen vorkommen.

**Elektrolyte.** Elektrolyte, d. h. Säuren[5]) und Mineralsalze — Alkalien müssen wegen ihrer Salzbildung mit den Gerbstoffen aus dieser Betrachtung ausscheiden — fällen die Gerbstoffe aus ihrer wäßrigen Lösung mehr oder weniger vollständig[6]).

---

[1]) Navassart, Koll. Beih. **5**, 344 (1914).

[2]) S. 26.

[3]) W. Spring, R. **18**, 242 (1899); vgl. H. Franke, Die pflanzlichen Gerbstoffe, S. 30 u. 43 (Magdeburg 1909).

[4]) S. 40.

[5]) Richter, Crells Ann. 1787, **1**, 140.

[6]) Ellagengerbstoffe werden nur sehr mangelhaft gefällt.

Auch zu dieser Erscheinung finden sich Analogien bei den einfachen krystallisierten Gerbstoffen und der Gallussäure selbst, die sich sämtlich in den Lösungen von Mineralsäuren und -salzen sehr viel schwerer als in Wasser lösen. Die Niederschläge sind gallertig, flüssig oder flockig und werden durch reines Wasser wieder gelöst. Wenn sich Gerbstoffrot oder eine ähnliche schwerlösliche Substanz infolge des peptisierenden Einflusses des Gerbstoffes neben diesem in Lösung befindet, so wird vornehmlich dieser schwerlösliche Anteil ausgefällt und kann dadurch bis zu einem gewissen Grade von dem Peptisator abgetrennt werden. In diesem Falle bleibt bei der nachherigen Behandlung mit Wasser ein Teil ungelöst. Die Befreiung des Gerbstoffs vom Rot ist auf diesem Wege nie vollständig zu bewirken.

Durch organische Säuren werden die Gerbstoffe im allgemeinen nicht gefällt. Ihrer kann man sich deshalb bedienen, wenn Extrakte geklärt werden sollen. Stark eingedickte Gerbstoffauszüge sind zwar sehr dunkel, aber meistens klar. Wenn sie jedoch für den Gebrauch der Technik verdünnt werden, scheiden sich unter anderem erhebliche Mengen von Calcium- oder Magnesiumsalzen ab. Diese Niederschläge können durch Mineralsäuren zwar zerlegt, aber nicht gelöst werden, weil sich dann sofort Gerbstoff oder Gerbstoffrot abscheidet. Mit starken organischen Säuren läßt sich jedoch eine bedeutende Klärung bewirken, die zugleich infolge der Zerlegung tief gefärbter Alkalisalze von einer starken Aufhellung begleitet ist. Für diesen Zweck sind Sulfosäuren aromatischer Verbindungen besonders empfehlenswert, die selbst gerbende Eigenschaften haben und deshalb Gegenstand der technischen Synthese sind[1]).

Von Mineralsalzen dient hauptsächlich Natriumchlorid zum Aussalzen der Gerbstoffe.

**Adsorbierende Mittel.** Tierkohle und Baumwolle nehmen reichliche Mengen von Gerbstoffen auf. Geraspelte Haut bindet vorwiegend die lederbildenden, als Gerbstoffe im technischen Sinne zu bezeichnenden Phenolderivate. Aber auch Gallussäure wird durch Hautpulver in erheblichem Maße aufgenommen. Besonders eignet sich fein verteilte Tonerde (wie „gewachsene

---

[1]) z. B. die Neradole und das Ordoval der Bad. Anilin- u. Sodafabrik. Über weitere künstliche Gerbstoffe s. H. Bamberger, Chem. Ztg., **43**, 318 (1919). C. **1919**, IV 699.

Tonerde" nach H. Wislicenus[1]), käuflich bei E. Merck), wenn Gerbstoffe aus einer Lösung entfernt werden sollen. Die Tonerde nimmt aber auch einfachere Phenolderivate, z. B. Gallussäure, auf. Die Adsorptionsverbindungen werden durch Wasser nicht oder mangelhaft zerlegt. Organische Lösungsmittel, z. B. Aceton, wirken gelegentlich günstiger. Stiasny hat jedoch gezeigt, daß Tonerde auch aus Eisessiglösung erhebliche Mengen Tannin und Quebrachogerbstoff aufnimmt[2]). Alkohol löst aus der Leim-Tanninfällung fast den ganzen Gerbstoff heraus[3]).

**Organische Lösungsmittel.** Pyridin löst viele Gerbstoffe, manchmal auch dann, wenn andere organische Lösungsmittel versagen. Glycerin, Glykol und Phenol vermögen gleichfalls die meisten Gerbstoffe zu lösen, während Ligroin, Benzol und Chloroform so gut wie nichts aufnehmen. Auch Eisessig versagt häufig als Lösungsmittel gegenüber wasserfreien Gerbstoffen. Für Methyl- und Äthylalkohol sowie Aceton läßt sich keine Regel aufstellen. Äther löst im allgemeinen wenig; eine Ausnahme bilden die einfachsten Gerbstoffe wie Gallussäuremethylester, Maclurin und die Catechine. Im übrigen wird Äther verwendet, um einfache Spaltstücke, z. B. Gallussäure, einer wäßrigen Lösung zu entziehen. Dabei ist zu beachten, daß die Entfernung der Gallussäure nur dann vollständig ist, wenn mit vielen Ätherportionen, die klein sein dürfen, ausgeschüttelt oder mit Extraktionsapparaten gearbeitet wird. Chinesisches Tannin verklebt in Berührung mit Äther und löst sich bei Zimmertemperatur etwa zu einem halben Prozent darin auf. Diese Lösung trübt sich beim Erwärmen.

Von besonderem Interesse sind diejenigen Lösungsmittel, durch die ein Gerbstoff seiner wäßrigen Lösung entzogen werden kann (Trennung von Zucker und Salzen). Für diesen Zweck wird in erster Linie Essigäther verwendet, der aber nicht alle Gerbstoffe leicht löst. Auch die in Essigäther leicht löslichen Gerbstoffe werden ihrer wäßrigen Lösung nur durch mehrfach wiederholtes Ausschütteln einigermaßen vollständig entzogen. Andere Lösungsmittel dieser Art sind Amylalkohol und Methyläthylketon. Auch Aceton kann u. U. zum Ausschütteln verwendet werden,

---

[1]) Literatur vgl. S. 37.
[2]) Nach H. Franke, D. pflanzl. Gerbst., 43 (Magdeburg 1909).
[3]) Trunkel, Bio. Z. **26**, 458 (1910).

wenn der wäßrigen Lösung geeignete Salze, z. B. krystallisiertes Calciumchlorid, zugesetzt werden. Wenn der Gerbstoff keine freie Carboxylgruppe besitzt, kann er durch diese Lösungsmittel aus seiner neutralisierten wäßrigen Lösung ausgeschüttelt werden.

Konzentrierte wäßrige Tanninlösungen (1 : 1) bilden mit Äther oder Äther-Alkohol oder Äther-Aceton 3 Schichten, von denen die unterste den meisten Gerbstoff enthält[1]). Diese Erscheinung beschränkt sich nicht auf die Galläpfeltannine, sondern ist auch am Sumach-[2]) und rohen Myrobalanengerbstoff[3]) beobachtet worden.

**Molekulargewicht.** Das Molekulargewicht der freien Gerbstoffe scheint in Wasser nach dem Gefrierverfahren nicht recht bestimmbar zu sein; denn Paternò und Salimei fanden an Tannin, das nach dem Essigätherverfahren gereinigt war, anormale Werte[4]). Dagegen scheint die Siedepunktbestimmung in Aceton bei der Chebulinsäure zu richtigen Werten geführt zu haben[5]). Die krystallinischen Gerbstoffe Maclurin und Rhabarbercatechin haben in Eisessig (Gefrierpunkterniedrigung) das normale Molekulargewicht, und der einfachste Vertreter der Tanninklasse, die 1 - Galloylglucose, hat in Wasser stimmende Werte gegeben. Die Frage nach der Zuverlässigkeit der Molekulargewichtsbestimmungen an freien Gerbstoffen kann nur durch Versuche mit krystallisierten Materialien, deren Molekulargewicht auf andere Weise feststellbar ist, beantwortet werden[6]).

Einfacher liegen die Verhältnisse, wenn die Hydroxyle der Gerbstoffe mit Alkyl- oder Acylgruppen besetzt sind. Bei derartigen

---

[1]) L u b o l d t, J. pr. **77**, 357 (1859). In der neueren Literatur vgl. I l j i n, B. **47**, 989 (1914).

[2]) G ü n t h e r, Diss. Dorpat 1871; L ö w e, Fr., **12**, 128 (1873).

[3]) G ü n t h e r, l. c.

[4]) Koll. Zeitschr. **13**, 81 (1913). Von früheren Bestimmungen, die an weniger einheitlichem Material ausgeführt worden sind, seien angeführt: S s a b a n e j e w, Ph. Ch. **6**, 88 (1890); W a l d e n, B. **31**, 3167 (1898); Th. K ö r n e r, 10., 11., 14. Jahresber. d. deutschen Gerberschule Freiberg 1899, 1900, 1903; Collegium **1905**, 207; Z. Ang. **19**, 206 (1906); H e l d, Diss. Leipzig 1908. Iljin, J. pr. **82**, 424 (1910).

[5]) A d o l p h i, Ar. **230**, 684 (1892); T h o m s, Arb. a. d. Pharm. Inst. Berlin, **9**, 78 (1912); R i c h t e r, ebenda, 85; vgl. K. F r e u d e n b e r g, B. **52**, 1242 (1919).

[6]) Vergl. S. 96.

Produkten synthetischer Herkunft ist die Gültigkeit der Raoult-schen Gesetze bis zu Molekulargewichten von mehr als 4000 nach-gewiesen worden[1]).

Die Molekulargewichtsbestimmung eines natürlichen Gerb-stoffes würde sich in Anlehnung an ein von E. Fischer und M. Bergmann für einen anderen Zweck ausgearbeitetes Ver-fahren[2]) folgendermaßen darstellen:

1 Teil Gerbstoff wird mit 5 Teilen Chinolin und 5 Teilen p-Brombenzoylchlorid 24 Stunden unter Ausschluß der Feuchtig-keit bei 70—80° aufbewahrt, wobei sich salzsaures Chinolin ab-scheidet. Der Brei wird in Chloroform gelöst, wiederholt mit verdünnter Salzsäure und Wasser gewaschen, und schließlich wird das Chloroform unter vermindertem Druck abgedampft. Der Rückstand muß nun aus geeigneten Lösungsmitteln umgefällt und dabei völlig von Brombenzoesäureanhydrid befreit werden, das stets als Nebenprodukt entsteht. Schließlich wird zur Ent-fernung von anhaftendem organischem Lösungsmittel unter Wasser geschmolzen und nach dem Erstarren im Vakuum bei 100° getrocknet. Das Molekulargewicht wird, der hohen Kon-stante (144) wegen, in Bromoform gemessen. Durch die Be-stimmung des Bromgehaltes läßt sich die Anzahl der eingetretenen Brombenzoylgruppen und das Molekulargewicht des Gerbstoffes selbst berechnen.

Die Benzoyl-, Acetyl- und Methylderivate können mit Erfolg zur Molekulargewichtsbestimmung verwendet werden, wie es z. B. bei verschiedenen Catechinen geschehen ist[3]). Dabei wurden Naphthalin, Benzol und Äthylenbromid als Lösungsmittel ver-wendet.

**Optische Aktivität** ist an verschiedenen Gerbstoffen festgestellt worden. Beim chinesischen Tannin (s. d.) und dem Hamamelitannin hängt der Drehungswert in wäßriger Lösung von der Konzentra-tion ab. Bei ersterem wächst die spezifische Drehung mit ab-nehmender Konzentration, und aus der Kurve der Zunahme geht

---

[1]) E. Fischer u. K. Freudenberg, B. **46**, 1136 (1913). Dps 306.

[2]) Bestimmung aliphatischer Hydroxyle in der Chebulinsäure, B. **51**, 318 (1918). Dps 487.

[3]) Karnowski u. Tambor, B. **35**, 2408 (1902); Kostanecki u. Krembs, B. **35**, 2410 (1902); A. G. Perkin u. Yoshitake, Soc. **81**, 1160 (1902); vgl. Ciamician u. Silber, B. **27**, 1627 (1894).

hervor, daß der Drehungswert in dem der Messung noch zugänglichen Verdünnungsbereiche stets weiter steigt. Es versteht sich von selbst, daß eine Molekulargewichtsbestimmung nur in einem Bereich optischer Konstanz vorgenommen werden kann. Die Erscheinung hängt wohl mit der Hydratbildung und Teilchengröße zusammen, die beide von der Konzentration abhängig sein dürften. In organischen Lösungsmitteln sind am chinesischen Tannin ähnliche, aber bei weitem nicht so ausgeprägte Erscheinungen beobachtet worden[1]). Bei den Galläpfeltanninen sind die Drehungswerte in organischen Lösungsmitteln von den in wäßriger Lösung beobachteten stark unterschieden.

Bei der amorphen Beschaffenheit der meisten Gerbstoffe sind die am Polarimeter gewonnenen Zahlenwerte unentbehrliche Hilfsmittel zur Kennzeichnung. Durch die genaue Verfolgung dieser Werte bei systematischer Fraktionierung hat Iljin[2]) das chinesische Tannin in Bestandteile von verschiedenem optischen Verhalten zerlegen können.

**Acidität.** Als Phenolabkömmlinge sind die Gerbstoffe schwach sauer. Der Säuregrad ist durch Titration annähernd feststellbar[3]).

Etwa 1 g Trockensubstanz wird in der 5—10fachen Menge Wasser gelöst und unter Umrühren so lange mit $^n/_{10}$ Natronlauge versetzt, bis bei der Tüpfelprobe blaues Lackmuspapier nicht mehr gerötet wird.

Die Zahlen sind für die einzelnen Gerbstoffe verschieden und tragen zu ihrer Kennzeichnung bei (vgl. chinesisches Tannin, S. 97). Carboxyle werden angezeigt. In besonderen Fällen läßt sich der Verlauf einer Hydrolyse durch die Änderung des Säuregehaltes verfolgen (Chebulinsäure)[4]).

Viele Gerbstoffe lassen sich wie die einfachen Phenole aus der mit Alkali neutralisierten wäßrigen Lösung durch organische Lösungsmittel ausschütteln. Auf dieses Verfahren gründet sich die Reindarstellung der Galläpfeltannine und des Hamameli-

---

[1]) Navassart, Koll. Beih. **5**, 299 (1914).

[2]) B. **47**, 985 (1914).

[3]) E. Fischer, K. Freudenberg, B. **45**, 922 u. 931 (1912); Dps 272, 281; E. Fischer, M. Bergmann, B. **51**, 1796 (1918), Dps 387; K. Freudenberg, B. **52**, 182, 1242, 1245 (1919), Dps 521. Über Leitfähigkeitsmessungen s. Böseken u. Deerns C. **1919** III 379. Vgl. S. 85.

[4]) K. Freudenberg, B. **52**, 1242 (1919).

tannins. Andere Gerbstoffe, z. B. Chebulinsäure, werden unter diesen Umständen nicht an Essigäther abgegeben, obwohl die Säure an und für sich darin löslich ist. Dieses Verhalten wird durch die Anwesenheit einer freien Carboxylgruppe erklärt. Auch das Verhalten gegen Bicarbonat- und Natriumacetatlösung kann zur Beurteilung der Frage, ob eine freie Carboxylgruppe vorliegt oder nicht, herangezogen werden (Chebulinsäure).

## 3. Gewinnung, Analyse, Bestimmung.

**Gewinnung.** Bei der Beschreibung der einzelnen Gerbstoffe ist jeweils das Verfahren ihrer Darstellung wiedergegeben. Hier können nur allgemeine Regeln mitgeteilt werden.

Grundsätzlich muß ein botanisch identifiziertes, einheitliches Material verwendet werden. Käufliche Extrakte oder im Handel befindliche Gerbstoffe sind nur zu brauchen, wenn der Gerbstoff krystallinisch abgeschieden werden kann. Vor der Extraktion müssen die Fermente durch kurzes Erhitzen des möglichst frisch geernteten Materials abgetötet werden.

Häufig sind Gerbstoffe von verschiedenem Typus miteinander vermischt[1]. Der Gerbstoff der Myrobalanen enthält einen Ellagen-gerbstoff und die Chebulinsäure, die der Tanninklasse angehört. Ähnlich liegen die Verhältnisse beim türkischen Tannin. Aus chinesischem Rhabarber wurde außer gallussäurehaltigen Zucker-verbindungen ein Catechin isoliert. Glucoside verschiedener Art und Flavonfarbstoffe, die den Catechingerbstoffen sehr nahe stehen, sind fast stets die Beimengungen ungereinigter Gerb-stoffe. Die Gegenwart von Flavonfarbstoffen wird erkannt an der kräftigen gelben bis roten Farbe der Bleiniederschläge. Deri-vate der Kaffeesäure geben allerdings auch gelbe Bleiverbindungen. Als Beispiel für die Herausarbeitung von Farbstoff aus Gerb-material sei die Gewinnung von Myricetin aus Sumach erwähnt[2].

Scheele[3] stellte bei der Bereitung des Gerbstoffes der Aleppo-gallen fest, daß kaltes Wasser das beste Extraktionsmittel hier-für ist. Die zerkleinerte Droge wird mit Wasser perkoliert, das

---

[1] Vgl. S. 10.

[2] A. G. Perkin u. Allen, Soc. **69**, 1299 (1896).

[3] Crells Ann. 1787, **1**, 3.

zur Verhinderung der Schimmelbildung mit einigen Tropfen Toluol oder Chloroform durchgeschüttelt ist.

Gewisse Materialien, z. B. Filixrhizom, werden von Wasser ungenügend erschöpft und müssen daher mit kaltem Alkohol oder besser mit wäßrigem Aceton ausgezogen werden. Tee wird zuvor von Coffein befreit[1]). Ein sehr gutes und in der Technik viel verwendetes Extraktionsmittel für die Galläpfelgerbstoffe ist alkoholhaltiger Äther[2]). Das kalt bereitete Perkolat bildet zwei Schichten, deren obere die Hauptmenge der freien Gallussäure enthält, während die untere vorwiegend aus Gerbstoff besteht. Noch mehr ist ein Gemisch von Aceton und Äther zu empfehlen. Die Einengung solcher Lösungen muß, vor allem gegen Ende, im Vakuum vorgenommen werden; zuletzt wird Wasser zugesetzt und weiter konzentriert, bis alle organischen Lösungsmittel übergegangen sind.

Die wäßrige Lösung kann auf verschiedene Weise verarbeitet werden. Die Lösung von neutralem Bleiacetat, in geringer Menge zugesetzt, schlägt zuerst dunkelgefärbte Beimengungen nieder. Dem Filtrat kann der Gerbstoff unter Umständen mit Äther-Alkohol[3]), Essigäther[4]) oder Methyläthylketon entzogen werden. Oder es wird die Hauptmenge des Gerbstoffes mit mehr neutralem Bleiacetat gefällt. Die freiwerdende Essigsäure verhindert jedoch eine vollständige Ausfällung. Führt neutrales Bleiacetat nicht zum Ziele, so ist eine heiße Lösung von basischem Bleiacetat zu verwenden. Ersterem Fällungsmittel ist aber, wenn irgend möglich, der Vorzug zu geben, da von basischem Acetat verschiedene Zucker z. B. Mannose[5]), oder viele andere Beimengungen, z. B. Äsculin[6]) (Diglucosid des Äsculetins, eines Dioxycumarins) gefällt werden. Mit ammoniakalischem Bleiacetat werden vollends die meisten Zucker gefällt, desgleichen, aus alkoholischer Lösung, durch zahlreiche Bleisalze.

Die Bleiniederschläge sind meistens gut filtrierbar, vor allem, wenn sie in der Hitze bereitet werden. Sie werden am besten mit

---

[1]) S. 105.
[2]) Pelouze, A. **10**, 145 (1834).
[3]) Etti, M., **4**, 524 (1883), vgl. S. 131.
[4]) Dieses Verfahren ist vorzugsweise von Trimble angewendet worden.
[5]) E. Fischer u. J. Hirschberger, B. **22**, 1155 (1889).
[6]) Rochleder u. Schwarz, A. **87**, 186 (1853).

Schwefelsäure und nicht mit Schwefelwasserstoff zerlegt, da das Bleisulfid unverändertes Bleisalz einhüllt und außerdem viel Gerbstoff adsorbiert. Die Zerlegung mit Schwefelsäure hat außerdem den Vorteil, daß man in der Kälte arbeiten kann. Das Filtrat enthält außer dem Gerbstoffe Essigsäure, häufig Gallussäure[1]) und andere Säuren, ferner Pektine, Farbstoffe usw. Mit Schwefelwasserstoff können die Bleiniederschläge dann zerlegt werden, wenn auf eine gute Ausbeute verzichtet wird. Da das Bleisulfid die stark gefärbten Beimengungen zuerst niederschlägt, sind die Filtrate meist heller. Man kann zur Aufhellung der Lösung auch wenig Bleiacetat zusetzen und einen Niederschlag von Bleisulfid erzeugen.

Wenn die bei der Verwendung von Bleiacetaten freiwerdende Essigsäure stört, kann zur Fällung eine wäßrige Lösung von Thalliumbicarbonat[2]) verwendet werden. Die Thalliumniederschläge lassen sich in wäßrigem Aceton (1 : 2 Vol.) mit verdünnter Salzsäure zerlegen[3]). In diesem Gemisch ist Thalliumchlorid praktisch unlöslich. Aus Lösungen kann Thallium ebenso entfernt werden; man kann es aber auch mit wäßrigem Cadmiumjodid genau ausfällen und das Cadmium durch Schwefelwasserstoff niederschlagen.

Die auf solche Weise vorbereitete Lösung oder, wenn man auf diese Reinigung verzichtet, der ursprüngliche Gerbstoffauszug wird unter vermindertem Druck, bei dem grundsätzlich alle Destillationen vorzunehmen sind, eingeengt. Der Gerbstoff kann durch Kochsalz in Fraktionen gefällt oder durch organische Lösungsmittel ausgeschüttelt werden. Am besten verbindet man beide Verfahren miteinander. Wenn ein Gerbstoff, z. B. ein Ellagengerbstoff, durch Kochsalz nicht oder ungenügend ausgefällt wird, so erleichtert die Zugabe des Salzes seinen Übergang in das

---

[1]) Galläpfel enthalten stets etwas freie Gallussäure. Dieselbe wurde, bald nachdem sie durch Scheele entdeckt war, von Dizé aus Galläpfeln durch Extraktion mit Äther gewonnen. [Obs. sur la Phys., sur l'histoire nat. et sur les Arts **39**, 420 (1791); Grens Journal der Physik, **7**, 399 (1793)]. Dizé hat nicht, wie das spätere Schrifttum angibt, Gallussäure aus Tannin durch saure Hydrolyse bereitet. Vgl. auch Richter (Crells Ann. 1787, **1**, 139) und Bartholdi (Crells Ann. 1795 II, 449).

[2]) K. Freudenberg, G. Uthemann, B. **52**, 1515 (1919).

[3]) K. Freudenberg, B. **52**, 1246 (1919).

organische Lösungsmittel. Eine Auswahl der letzteren ist auf
S. 27 angeführt.

Die Bedeutung der Kaliumsalze für präparative Zwecke ist
bereits hervorgehoben worden[1]). Das Verfahren wurde 1800 von
Proust[2]) und später (1824) von einem Engländer empfohlen[3]),
von Berzelius[4]) zur Reinigung des Galläpfeltannins verwendet
und neuerdings von E. Fischer und seinen Schülern wieder ein-
geführt[5]). Die Salze lassen sich durch die vorsichtige Zugabe
von nicht zuviel wäßrigem Kaliumcarbonat zur wäßrigen Gerbstofflösung herstellen, oder besser durch Zusatz von alkoholischem
Kaliumacetat zur alkoholischen Lösung des Gerbstoffs. Die Salze
enthalten im letzteren Falle etwas Kaliumacetat. Sie lassen sich
leicht in Wasser umlösen und scheiden sich beim Erkalten
wieder ab.

Die feuchten Kalium-Tanninsalze geben den Gerbstoff an
Essigäther ab. In anderen Fällen muß das Salz mit Säure zerlegt
und der Gerbstoff mit einem organischen Lösungsmittel ausgeschüttelt werden.

Die Reinigung nach dem „Essigätherverfahren"[6]) wird folgendermaßen ausgeführt: Die unter vermindertem Druck stark
eingeengte wäßrige Lösung wird mit so viel Natriumcarbonatlösung oder festem Natriumbicarbonat versetzt, bis ein Tropfen,
mit Wasser verdünnt, bei der Tüpfelprobe nur noch ganz schwach
sauer reagiert. Die Lösung wird mit Essigäther in verschiedenen
Portionen ausgeschüttelt, die ihrerseits wieder mit wenig Wasser
gewaschen und unter geringem Druck verdampft werden, wobei,
zuletzt Wasser zugesetzt wird, um den hartnäckig anhaftenden
Essigäther völlig zu entfernen. Wenn sich der Gerbstoff in Essigäther oder einer anderen, mit Wasser nicht mischbaren Flüssigkeit auflöst und wenn er keine freie Carboxylgruppe enthält, so
ist dieses Reinigungsverfahren allen anderen vorzuziehen. In

---

[1]) Vgl. S. 16.

[2]) A. ch. (1), **35**, 32 (1800).

[3]) F. C., Annals of Philosophy, Sept. 1824; Dingler **15**, 253 (1824).

[4]) Jahresber. **7**, 250 (1827).

[5]) E. Fischer u. K. Freudenberg, B. **45**, 920 (1912), Dps. 270;
E. Fischer u. M. Bergmann, B. **51**, 311 (1918); E. Fischer u. M. Bergmann, B. **52**, 830, 837 (1919), Dps 395, 403.

[6]) Paniker u. Stiasny, Soc. **99**, 1819 (1911); E. Fischer, K. Freudenberg, B. **45**, 919 (1912); B. **47**, 2493 (1914), Dps 269, 337.

der neutralisierten Lösung bleiben nicht allein alle Zucker, Pektine, Salze und freien Carbonsäuren zurück, sondern auch ein großer Teil der zuckerreicheren Beimengungen und der stark gefärbten Verunreinigungen. Diese letzteren werden noch besser zurückgehalten, wenn man statt Natrium- Thalliumbicarbonatlösung zur Neutralisation verwendet[1]). Dabei eröffnet sich zugleich die Möglichkeit, die ausgeschüttelte neutralisierte Lösung in einem für die weitere Untersuchung geeigneten Zustande zu erhalten, denn das Thallium läßt sich leicht wieder entfernen.

Gerbstoffe, die aus organischen Lösungsmitteln abgeschieden sind, müssen auf die im nächsten Abschnitte beschriebene Weise davon befreit werden. Damit die wäßrigen Lösungen nicht schimmeln, müssen sie mit etwas Toluol, Xylol oder Chloroform umgeschüttelt werden, sobald sie zur Extraktion oder Krystallisation längere Zeit stehenbleiben.

**Analyse.** Bei krystallisierten Gerbstoffen ist stets mit Krystallwasser zu rechnen. In allen bekannten Fällen wird dasselbe unter 12—15 mm Druck bei 100° über Phosphorpentoxyd glatt abgegeben. Dennoch muß zur Kontrolle unter dem gleichen Druck bei 110—120° oder bei 100° im Hochvakuum (Volmerpumpe) nachgetrocknet werden. Für diese Zwecke ist der von Storch angegebene, von E. Fischer abgeänderte, außerordentlich leistungsfähige Vakuumtrockenapparat[2]) nicht zu entbehren.

Wenn die Analysenprobe amorph ist und vorher mit organischen Lösungsmitteln in Berührung war, so muß sie in Wasser gelöst, unter vermindertem Druck eingedampft und wie oben getrocknet werden. Von allen Lösungsmitteln läßt sich das Wasser am besten aus Gerbstoffen entfernen. Geschieht dies nicht, so entstellt das äußerst hartnäckig anhaftende organische Lösungsmittel das Ergebnis der Analyse[3]). Da von den wenigsten Autoren diese Vorsicht gebraucht wurde, muß die Richtigkeit der meisten Analysen der älteren Gerbstoffliteratur bezweifelt werden. Bei

---

[1]) K. Freudenberg, B. **52**, 1240 (1919). Beim chinesischen Tannin versagt das Verfahren.

[2]) Käuflich bei Kobe, Berlin N 4, Hessische Str. 10; abgebildet in: Abderhalden, Handbuch der biochem. Arbeitsmethoden, Berlin, Wien 1910, **1**, 296; **6**, 694 (1912).

[3]) E. Fischer, K. Freudenberg, B. **45**, 920 (1912); **47**, 2494 (1914), woselbst Literatur; Dps 270, 338.

der unten folgenden Besprechung der einzelnen Gerbstoffe sind
nur solche Analysen aufgenommen worden, bei denen die Abwesenheit der organischen Lösungsmittel und die richtige Trocknung aus dem Text hervorgeht.

Es empfiehlt sich, Methyl- und Benzoylderivate zur Entfernung der organischen Lösungsmittel rasch unter Wasser zu
schmelzen und nach dem Erstarren zu trocknen.

Verschiedene Angaben des Schrifttums über den Methoxyl-
gehalt einzelner Gerbstoffe sind möglicherweise auf anhaftenden
Äther oder Alkohol zurückzuführen.

Trotz der Unsicherheit der Analysen hat sich, von Ausnahmen
abgesehen, die Regel bestätigt, daß die Gerbstoffe der Tanninklasse, also die Galloylzucker, im allgemeinen 50—53%, die Gerbstoffe kondensierten Systems um 60% und die Gerbstoffrote
noch etwas mehr Kohlenstoff enthalten.

**Bestimmung.** Quantitative Gerbstoffbestimmung.
Für die technische Bewertung kommt allein die bis in alle Einzelheiten festgelegte „Internationale Hautpulver-Methode" in
Betracht. Der heiß bereitete wäßrige Pflanzenauszug wird in
verschiedene Teile geteilt. In einem wird der Gesamtextrakt bestimmt, einem anderen wird der Gerbstoff mit chromiertem Hautpulver entzogen; das Filtrat wird zur Trockene gebracht und als
„Nichtgerbstoff" gewogen. Die Gewichtsdifferenz ergibt den Gerbstoff[1]).

Pflanzenphysiologen werden bedenken müssen, daß nach
diesem Verfahren die gerbstoffartigen, unlöslichen Phlobaphene
zum Teil im Pflanzenmaterial zurückbleiben und nicht zur Bestimmung kommen. Andererseits finden sich einfache, gerbstoffartige Materialien, wie Gallussäure, Phenole und deren Glucoside,
ganz oder teilweise unter den Nichtgerbstoffen und werden auch
nicht mitbestimmt. Sollen möglichst alle einfachen phenolartigen
Substanzen mit bestimmt werden, so kann für pflanzenphysiolo-
gische Untersuchungen — aber auch nur für diese — das Verfahren

---

[1]) Dkk. 526; Procter - Paessler, Leitfaden f. gerbereichem. Unters.
Berlin 1901; J. Paessler, Die Verfahren zur Untersuchung der pflanzlichen Gerbemittel, Deutsche Gerberschule, Freiberg 1912; ferner: „Offi-
zielle Methode der Gerbstoffanalyse" herausgeg. vom Internat. Verein der
Leder-Industrie-Chemiker.

von H. Wislicenus[1]), Adsorption durch „gewachsene Tonerde" empfohlen werden. Tonerde bindet auch einfachere Phenole und gerbstoffartige Substanzen, wie z. B. Chlorogensäure. Allerdings werden auch Dextrin und Pflanzenschleim in erheblichem Umfange durch dieses Adsorptionsmittel festgehalten.

Die Bestimmungsverfahren nach Löwenthal usw., die auf der Titration mit Permanganat vor und nach der Entgerbung durch Hautpulver beruhen, sind für die Pflanzenphysiologie ähnlich zu bewerten wie das Hautpulververfahren selbst, doch tritt hierzu als Fehlerquelle der Umstand, daß verschiedene Gerbstoffe ungleiche Permanganatmengen verbrauchen.

Zum mikrochemischen Nachweise der Gerbstoffe[2]) wird mit Vorliebe eine gesättigte Lösung von Kaliumbichromat verwendet, die dunkle Färbungen bzw. Niederschläge erzeugt. Gallussäure wird gleichfalls durch dieses Reagens angezeigt. Auch die Pflanzenfarbstoffe, komplizierteren Glucoside usw. werden schwerlich von den Gerbstoffen zu unterscheiden sein[3]).

Sehr geeignet ist eine verdünnte Lösung von Alkaloiden und deren Verwandten (Antipyrin, Coffein, auch Methylenblau usw.)[4]), die den Gerbstoff in der Zelle niederschlagen. Dekker benutzt beide Verfahren nebeneinander[5]). Anthocyane werden durch Coffein oder Antipyrin gleichfalls niedergeschlagen[6]). Auch gegen Bleiacetat und Eisensalze verhalten sie sich wie Gerbstoffe.

---

Quantitative oder mikrochemische Bestimmungsverfahren, die am chinesischen Tannin erprobt sind, das hierfür gewöhnlich verwendet wird, dürfen nicht ohne weiteres auf andere Gerbstoffe

---

[1]) Z. Ang. **17**, 801 (1904); Fr. **44**, 96, 626 (1905); C. 05, II, 577, 992, 1198; C. 06, I, 1296, II, 1362; C. 07 I, 848; II, 101; C. 08, I, 1580; vgl. Dkk. 493; Paessler, Fr. **44**, 301 (1905); Becker, Z. Ang. **19**, 937 (1906).

[2]) Dkk. 261, Czapek, Biochemie der Pflanzen II, 577 (Jena 1905); Nickel, Farbenreaktionen, II. Aufl., Berlin 1890; Goris, Diss. Paris, 1903: Chemineau, Diss. Paris 1904. Molisch, Mikrochemie, Jena 1913, S. 154 ff.; Tunmann, Pflanzenmikrochemie, Berlin 1913, S. 251 ff..

[3]) S. 20.

[4]) Van Wisselingh, Holl. Ak. d. Wiss. **18**, 680 (1910); ebenda **21**, 1239 (1912/13); ältere Literatur vgl. Czapek, l. c.

[5]) Rec. Trav. bot. Neerl. **14** (1917); Über die physiol. Bedeutung der Gerbstoffe, Jena 1917.

[6]) Czapek, l. c. I. 587 (2. Aufl., Jena 1913).

übertragen werden. Es ist zu bedenken, daß bei weitem die Mehrzahl aller Gerbstoffe — zumal der einheimischen — in chemischer Hinsicht sehr wenig mit den Gerbstoffen der Tanninklasse gemeinsam haben. Gambircatechin kann mit dem gleichen Rechte solchen Versuchen zugrunde gelegt werden.

## 4. Veränderungen der Gerbstoffe.

### 4. Veränderung der Gerbstoffe, hervorgerufen durch die Einwirkung von Wasser und Säuren. Hydrolyse, Rotbildung.

Wäßrige Gerbstofflösungen färben sich häufig an der Luft dunkel. In der Hitze werden Ester und Glucoside (z. B. der Ellagsäure) langsam zerlegt, zumal unter der Wirkung freiwerdender Säuren. Chebulinsäure spaltet sich bei 24stündigem Kochen der wäßrigen Lösung in Digalloylglucose und eine Oxysäure, die im unveränderten Gerbstoffe offenbar glucosidisch[1]) gebunden ist. Rotliefernde Gerbstoffe scheiden langsam Rot ab.

Dieselben Erscheinungen, nur viel schneller, werden durch Mineralsäuren in der Wärme herbeigeführt.

Gerbstoffe von Glucosid- oder Esterform werden durch verdünnte Säuren bei 100° hydrolysiert. Die Reaktionsdauer beläuft sich bei Glucosiden auf wenige Stunden und steigt bei den Estergerbstoffen bis auf mehrere Tage. Für jeden Gerbstoff muß diejenige Einwirkungsdauer gesucht werden, bei der die größte Menge eines jeden Spaltstückes entsteht.

In einzelnen Fällen genügt die Acidität der Gerbstofflösung selbst, um in der heißen wäßrigen Lösung den Gerbstoff zu spalten. Wenn in Gemischen Ellagsäure auftritt, wird sie meistens durch Erwärmen der Lösung für sich oder nach kurzer Einwirkung heißer verdünnter Mineralsäure herausgespalten. Diese Tatsache hat zu der Annahme geführt, daß in den Ellagengerbstoffen die Säure mit der Carbonylgruppe eines Zuckers verbunden ist, als Ellagsäureglucosid. Es empfiehlt sich demnach, solche Gerbstoffe nur wenige Stunden mit heißer verdünnter Säure zu hydro-

---

[1]) Unter Glucosiden werden ausschließlich Halbacetale der Zucker (z. B. Glucose, Rhamnose etc.) mit Alkoholen, Phenolen oder deren Derivaten verstanden. Die Galläpfeltannine sind keine Glucoside. Vgl. E. Fischer, B. **46**, 3281 (1913). Anm.

lysieren und erst dann energischer anzugreifen, wenn die Spaltung unvollständig geblieben ist. Auch schwer spaltbare Ellagengerbstoffe sind bekannt.

Ein anderer Fall leichter Hydrolysierbarkeit wurde bei der Chebulinsäure gefunden (S. 38 und 86). Die von Gilson im chinesischen Rhabarber entdeckte, von E. Fischer und M. Bergmann[1]) synthetisch bereitete 1-Galloyl-$\beta$-Glucose wird bei 100° von 50 Teilen $^n/_3$ Schwefelsäure in 15 Minuten hydrolysiert. Wie aus der Struktur dieser Verbindung

$$
\begin{array}{l}
\diagup \text{CH} \cdot \text{O} \cdot \text{CO} \cdot \text{C}_6\text{H}_2(\text{OH})_3 \\
\quad\ |\ \\
\quad \text{CH} \cdot \text{OH} \\
\text{O} \quad\ |\ \\
\quad \text{CH} \cdot \text{OH} \\
\diagdown\ |\ \\
\quad\ \text{CH} \\
\quad\ |\ \\
\quad \text{CH} \cdot \text{OH} \\
\quad\ |\ \\
\quad \text{CH}_2\text{OH}
\end{array}
$$

ersichtlich ist, beteiligt sich auch hier die Carbonylgruppe der Glucose an der Bindung. Die 1-Galloylglucose kann demnach mit den Glucosiden, mit denen sie die Empfindlichkeit gegen Säuren teilt, in eine Reihe gestellt werden.

Anders liegen die Verhältnisse, wenn die saure Komponente mit alkoholischen Hydroxylen verknüpft, d. h. verestert ist. Die außerordentliche Säurebeständigkeit, zumal der Gallussäure-Zuckerester, also der Gerbstoffe der Tanningruppe, ist der hauptsächliche Grund, weshalb ihre Konstitution so lange im Dunkeln blieb. Chinesisches Tannin, in dem etwa 10 Gallussäurereste auf ein Glucosemolekül gehäuft sind, muß mit 10 Teilen 5 proz. Schwefelsäure 72 Stunden lang auf 100° erhitzt werden, um die beste Ausbeute an Glucose zu geben. Einfacher gebaute Gerbstoffe dieser Klasse, die weniger Gallussäure an Zucker gebunden enthalten, z. B. das Hamamelitannin[2]), werden leichter hydrolysiert, aber immer ist die Zeitdauer der nötigen Einwirkung ganz anderer Größenordnung als bei den Glucosiden.

Schwefelsäure ist der Salzsäure vorzuziehen, weil die letztere stärker zersetzend auf die Zucker und mehrwertigen Phenole einwirkt und nicht so leicht zu entfernen ist. Aber auch mit

---

[1]) B. **51**, 1794 (1918), Dps 384.
[2]) K. Freudenberg, B. **52**, 183 (1919), Dps 522.

Schwefelsäure treten beträchtliche Zersetzungen und Verluste
ein. Nach 72stündiger Hydrolyse ist, wie eigens dafür angestellte
Versuche ergeben haben, dem gefundenen Werte für Gallussäure
etwa 5%, dem der Glucose etwa 55% zuzurechnen[1]). Angaben
über die Ausführung der Hydrolysen sind in dem Abschnitte
über das „Chinesische Tannin" mitgeteilt[2]).

Die Gerbstoffe kondensierten Systems, d. h. mit zusammen-
hängendem Kohlenstoffgerüst, werden durch verdünnte Säuren
nicht so glatt zerlegt, dagegen häufig in kompliziertere, lösliche
bis unlösliche Verbindungen (Rot)[3]) übergeführt. Nur bei den
einfacheren Typen, z. B. dem Maclurin

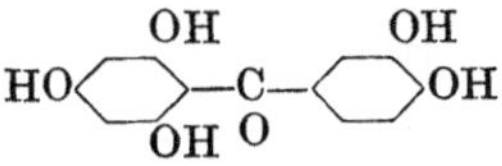

$$\text{HO}\underset{\text{OH}}{\overset{\text{OH}}{\diagup\diagdown}}\text{—C—}\diagup\diagdown\text{OH} \qquad \overset{\text{OH}}{\phantom{x}}$$

sind Spaltungen durch Säure bekannt: Nach Benedikt[4]) wird
dieser einfache Gerbstoff durch verdünnte Schwefelsäure bei
120° glatt in Protocatechusäure und Phloroglucin gespalten.
Verdünnte Salzsäure scheint anders zu wirken; beim Kochen entsteht ein roter, krystallinischer Körper, der sich auch durch die
Einwirkung von konzentrierter Schwefelsäure bildet[5]). Ob er

---

[1]) E. Fischer, K. Freudenberg, B. **45**, 925 (1912), Dps 274.

[2]) S. 97.

[3]) Gerbstoffrote oder Phlobaphene. Der letztere Name stammt von
Stähelin und Hofstetter (A. **51**, 63, 1844) und ist abgeleitet von φλοιος,
Rinde, und βαφη, Färbeprozeß, Farbe. Die Begriffe „Rot" und „Phlobaphen" haben starke Wandlungen durchgemacht. Die Bezeichnungen sollen
in diesen Ausführungen ein und dasselbe bedeuten. Im engeren Sinne um-
fassen sie die unlöslichen, farblosen bis tiefgefärbten Konden-
sations- oder Oxydationsprodukte, die aus vielen Gerbstoffen, die danach
den Namen der „rotliefernden" führen, durch die Einwirkung trockener
Hitze, heißen Wassers, verdünnter Säuren oder des Luftsauerstoffs mit
großer Leichtigkeit entstehen — eine Erscheinung, die gewissen Phloro-
glucin- und, wie es scheint, auch Kaffeesäurederivaten eigentümlich
ist. In diesem Sinne werden die Ausdrücke hier gebraucht. Im Gegensatz
zu anderen Autoren werden die Bezeichnungen nicht ausgedehnt auf die
huminartigen Produkte, wie sie aus allen Phenol- und Zuckerderivaten
bei energischen Eingriffen entstehen, oder als Zersetzungsprodukte fast
alle natürlichen Gerbstoffe begleiten. Eine scharfe Abgrenzung ist natür-
lich nicht möglich.

[4]) A. **185**, 114 (1877). Auch Phloretin läßt sich auf diese Weise
spalten.

[5]) Wagner, J. pr. **51**, 82 (1850).

als ein Vorläufer der komplizierten Gerbstoffrote angesehen
werden kann, läßt sich nach den kurzen Angaben nicht ent-
scheiden. Heiße konzentrierte Salzsäure wandelt das Maclurin
in huminartige Substanzen um.

Für die Sprengung der Kohlenstoffbrücke mit sauren Mitteln
sind außerdem folgende Beispiele zu nennen:

Aus Cotoin, einem Monomethyläther des Trioxybenzophenons

$$\mathrm{HO}\!\!\left\langle\!\!\bigcirc\!\!\right\rangle\!\!-\!\!\underset{\mathrm{O}}{\mathrm{C}}\!\!-\!\!\left\langle\bigcirc\right\rangle \quad \begin{matrix}\mathrm{OH}\\ \\ \mathrm{OH}\end{matrix}$$

spaltet warme konzentrierte Schwefelsäure Benzoesäure ab. Zugleich wird Phloroglucin frei, da die Methoxylgruppe verseift wird[1]).
Gambir- und Acacatechin geben nach Etti[2]) mit 11 proz. Schwefelsäure bei 140° 1—2% Brenzcatechin und ebensoviel Phloroglucin;
daneben viel Phlobaphen. Eine interessante Zerlegung ist am
Trioxybenzophenon

$$\mathrm{HO}\!\!\left\langle\!\!\bigcirc\!\!\right\rangle\!\!-\!\!\underset{\mathrm{O}}{\mathrm{C}}-\left\langle\bigcirc\right\rangle \quad \begin{matrix}\mathrm{OH\ OH}\end{matrix}$$

beobachtet worden, das durch konzentrierte Schwefelsäure bei
100° oder durch Schwefelsäure mit etwas Wasser bei 130—140°
in Benzoesäure und Pyrogallolsulfosäure gespalten wird[3]). Auch
durch Brom kann der Säurerest unter Umständen, z. B. beim
vollständig methylierten Cotoin (Methylhydrocotoin), aus dem
Phloroglucinkerne verdrängt werden, der dabei Brom aufnimmt[4]).
Phosphorpentachlorid wirkt ähnlich[5]).

In den Roten und den ihnen zugrunde liegenden Gerbstoffen wird
fast immer der Rest des Phloroglucins angetroffen, und es liegt
nahe, die Rotbildung diesem dreiwertigen Phenol zuzuschreiben,
um so mehr, als dieses selbst unter ähnlichen Bedingungen aus
zwei Molekülen das schwerlösliche krystallisierte Phloroglucid
bildet, z. B. beim Erhitzen mit verdünnter Salzsäure auf 140°

---

[1]) Ciamician und Silber, B. **27**, 414 (1894). Nach Bargellini
(G. **44**, II 421 [1914]) verhält sich Tetramethylphloretin ähnlich.

[2]) M. **2**, 547 (1882). Hier ist ein Trennungsverfahren für Phloroglucin
und Brenzcatechin angegeben.

[3]) Graebe u. Eichengrün, B. **24**, 967 (1891).

[4]) Ciamician u. Silber, B. **25**, 1121 (1892).

[5]) Dieselben, B. **24**, 2977 (1890).

oder mit konzentrierter auf 100°[1]). Phloroglucid entsteht auch
durch Erhitzen von Phloroglucin für sich. Es ist wahrscheinlich
ein Pentaoxydiphenyl[2])

$$\text{HO}\underset{\text{OH}}{\overset{\text{OH}}{\diagdown}}\text{—}\underset{\text{OH}}{\overset{\text{OH}}{\diagup}}$$

Auch das Verhalten des Hesperetins[3]) gegen Säuren erinnert
an Rotbildung[4]). Dieser Vorgang käme demnach der Kondensation zweier oder mehrerer Moleküle gleich unter Austritt von
einem oder mehreren Molekülen Wasser. Auf diese Deutung
weist die Zusammensetzung vieler Rote tatsächlich hin. In
der Natur werden Gerbstoffrote auch durch Oxydation hervor-
gebracht. Quebrachogerbstoff läßt sich nach Th. Körner[5]) durch
Einleiten von Luft in die wäßrige Lösung in Phlobaphen überführen. Die Braunfärbung frischer Rinden- und Fruchtschnitte
verrät die Mitwirkung von Fermenten. Dieselben verändern viele
Gerbstoffe beim Trocknen des Gerbmittels. Auch das Sonnen-
licht beschleunigt die Oxydation des Gerbstoffs[6]).

**Veränderung der Gerbstoffe, hervorgerufen durch die Einwirkung
von Alkalien. Hydrolyse, Kalischmelze.** Gerbstoffe, deren Bestandteile durch Veresterung miteinander verbunden sind, werden durch
Alkalien hydrolysiert; bei kondensierten Gerbstoffen liegen nur
an den Phloroglucinderivaten Erfahrungen vor; hier wird zuerst
die Bindung zwischen dem Phloroglucin und dem nächsten
Kohlenstoffatom gesprengt.

Aus Tannin wird durch verdünnte Alkalien in der Kälte glatt
Gallussäure abgespalten[7]), wenn der Luftsauerstoff ausgeschlossen
bleibt; anderenfalls entsteht nebenher Ellagsäure. Zucker wird
bei dieser Behandlung zerstört. Mit Ammoniak wird Gallamid
erhalten[8]). Bemerkenswert ist, daß Piria[9]) bei der Einwirkung

---

[1]) Herzig, Pollak, M. **15**, 703 (1894).
[2]) Herzig, M. **29**, 677 (1908).
[3]) Formel S. **44**.
[4]) Tiemann, Will. B. **14**, 953 (1881).
[5]) Ledermarkt **1897**, 37, 40, 53.
[6]) J. Paessler, Lederzeitung **1919**, Nr. 12.
[7]) Zuerst erwähnt von Hermbstädt in seiner Ausgabe von Scheeles
sämtlichen Werken, Berlin 1793, II., 406, Anm.
[8]) A. u. W. Knop, J. pr. **56**, 327 (1852).
[9]) Nuovo Cimento **1**, 209 (1855).

von alkoholischem Ammoniak auf Populin (Benzoylglucosid des
Salicylalkohols) neben Benzamid Benzoesäureester erhielt. Eine
ähnliche Umesterung hat Herzig beobachtet, als er bei der Zerlegung von methyliertem Tannin mit alkoholischer Kalilauge
neben methylierten Gallussäuren Trimethylgallussäureester gewann[1]).

Da Glucoside im allgemeinen gegen verdünnte Alkalien sehr
beständig sind, ist zu erwarten, daß Gemische von Gerbstoffen
der Ester- und Glucosidform dadurch zu trennen sind, daß die
ersteren durch alkalische Hydrolyse zerlegt werden.

Bei den kondensierten Gerbstoffen, die nach den bisherigen
Erfahrungen fast stets Phloroglucin enthalten, bewirken Alkalien
die Herauslösung dieses dreiwertigen Phenols. Die Bindung zwischen
dem Phloroglucin und den übrigen Kohlenstoffkomplexen löst
sich verhältnismäßig leicht. Die anderen Bestandteile des Moleküls
werden meistens erst bei wesentlich höherer Temperatur zu faß-
baren krystallinischen Substanzen abgebaut. Man muß deshalb
grundsätzlich in Versuchsreihen von gelinder Einwirkung zu
stärkeren Eingriffen übergehen.

Benzophloroglucin

$$\text{HO}\langle\!\!\!\overset{\text{OH}}{\underset{\text{OH}}{\bigcirc}}\!\!\!\rangle\!-\!\overset{}{\underset{\text{O}}{\text{C}}}\!-\!\bigcirc$$

wird durch einstündiges Kochen mit n-Natronlauge in Benzoesäure
und Phloroglucin zerlegt[2]). Cremer und Seuffert[3]) spalten im
Phloridzin, dem Glucosid des Phloretins

$$\text{HO}\langle\!\!\!\overset{\text{OH}}{\underset{\text{OH}}{\bigcirc}}\!\!\!\rangle\!-\!\underset{\text{O}}{\text{C}}\!-\!\underset{\text{H}_2}{\text{C}}\!-\!\underset{\text{H}_2}{\text{C}}\!-\!\bigcirc\!\text{OH}$$

die Kernbindung zwischen dem Phloroglucin und der Phloretinsäure
durch 7—8stündiges Kochen mit etwa 4 Mol. einer 0,75fach
normalen Barytlauge. Dabei bleibt die Glucosidbindung zwischen
dem Phloroglucin und dem Zucker erhalten.

---

[1]) M. **33**, 846 (1912). Bei der trockenen Destillation lieferte das Methylo-
tannin Trimethylgallussäure. Über andere Umesterungen vgl. S. 56.

[2]) K. Hoesch, B. **48**, 1133 (195).

[3]) B. **45**, 2568 (1912).

Hesperetin

$$\text{HO}\langle\overset{\text{OH}}{\underset{\text{OH}}{\;}}\rangle-\underset{\text{O}}{\text{C}}-\underset{\text{H}}{\text{C}}=\underset{\text{H}}{\text{C}}-\langle\overset{\text{OH}}{\;}\rangle\text{OCH}_3$$

geht mit 13 Teilen 23 proz. Kalilauge bei 100° in Phloroglucin und Isoferulasäure

$$\text{HOOC}-\underset{\text{H}}{\text{C}}=\underset{\text{H}}{\text{C}}-\langle\overset{\text{OH}}{\;}\rangle\text{OCH}_3$$

über; bei der Kalischmelze entsteht aus letzterer Essigsäure und, durch Entmethylierung, Protocatechusäure[1].

Hlasiwetz und Pfaundler[2] kochen einen Teil Maclurin mit einer wäßrigen Lösung von 3 Teilen Ätzkali zum Brei ein; die Masse wird verdünnt, mit Schwefelsäure angesäuert, zur Trockene gebracht und mit Alkohol ausgezogen. Nach Entfernung des Alkohols wird der Auszug in Wasser mit neutralem Bleiacetat gefällt. Der Niederschlag enthält Protocatechusäure, das Filtrat Phloroglucin.

Clauser[3] kocht 20 g Gambircatechin in einer Wasserstoffatmosphäre mehrere Stunden mit 300 ccm 10 proz. Kalilauge. Aus der Reaktionsmasse gewinnt er Phloroglucin. Durch energischere Einwirkung, Verschmelzen mit 3 Teilen Kaliumhydroxyd, hat Hlasiwetz[4] aus dem gleichen Gerbstoffe außer Phloroglucin Protocatechusäure gewonnen.

Dieser als „Kalischmelze" bekannte Prozeß hat in gemilderter Form auf dem Gebiete der den Catechin-Gerbstoffen nahe verwandten Pflanzenfarbstoffe ausgezeichnete Ergebnisse gebracht.

Piccard[5] zerlegte Chrysin

durch Kochen mit konzentrierter Kalilauge in Phloroglucin, Acetophenon, Benzoesäure und Essigsäure.

---

[1] E. Hoffmann, B. **9**, 686 (1876); vgl. auch Soc. **91**, 887 (1907).
[2] A. **127**, 351 (1863).
[3] B. **36**, 105 (1903).
[4] A. **134**, 118 (1865).
[5] B. **7**, 888 (1874).

Nach A. G. Perkin[1]) wird Apigenin

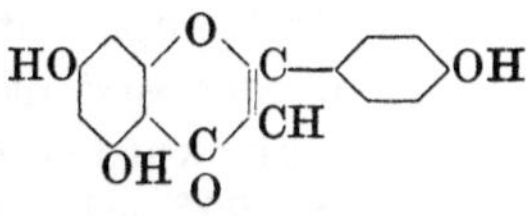

45 Minuten lang in 50 proz. wäßriger Kalilauge gekocht. Nach dem Ansäuern wird mit Natriumcarbonat neutralisiert und mit Äther extrahiert. Der Äther nimmt Phloroglucin und p-Oxyacetophenon auf. Die wäßrige Schicht wird angesäuert und gibt nunmehr an Äther p-Oxybenzoesäure und aus dieser durch Oxydation entstandene Spuren von Protocatechusäure ab. Durch Kalischmelze bei 180—200° werden hauptsächlich Phloroglucin und p-Oxybenzoesäure, daneben in greifbarer Menge Protocatechusäure und Spuren von p-Oxyacetophenon erhalten.

Auch mit alkoholischer Kalilauge können derartige Farbstoffe oder ihre Alkylderivate zerlegt werden[2]).

Quercetin

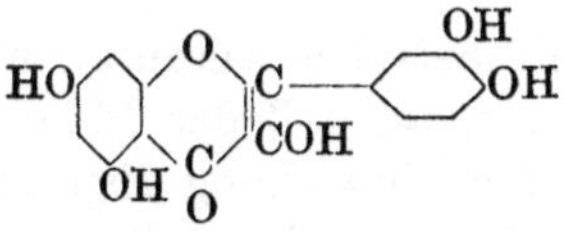

wird nach Herzig[3]) schon durch kalte wäßrige Kalilauge in Gegenwart des Luftsauerstoffs in Phloroglucin und Protocatechusäure zerlegt.

Eine gründliche Durchbildung hat die Kalischmelze durch Willstätter und seine Mitarbeiter bei Gelegenheit der Anthocyanarbeiten erfahren.

2,5 g Petunidin werden bei 110—115° in 75 g 67 proz. Kalilauge eingetragen und 5 Minuten auf 140° erhitzt[4]). 0,7 g Myrtillidin werden mit 40 g 75 proz. Kalilauge 4 Minuten auf 110° erhitzt[5]).

Pelargonidin[6])

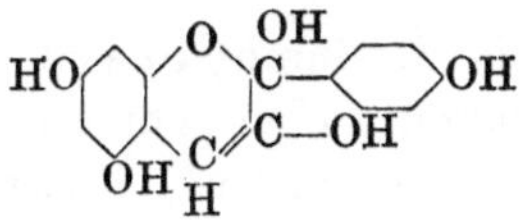

<hr>


[1]) Soc. **71**, 805 (1897).
[2]) Perkin, Soc. **73**, 1024, 1026 (1898). Vgl. auch nächstes Zitat.
[3]) M. **6**, 863 (1885).
[4]) A. **412**, 230 (1917).
[5]) Ebenda, S. 206.
[6]) A. **408**, 59 (1915).

liefert schon bei 100° unter der Einwirkung von 60 proz. Kalilauge Phloroglucin. Die zweite Komponente, p-Oxybenzoesäure, tritt neben dem Phloroglucin aber erst nach energischerer Einwirkung auf: 0,5 g Pelargonidin wurden mit 10 g Ätzkali und 3 g Wasser 2—3 Minuten auf 220° erhitzt. Dabei bildet sich außerdem etwas Protocatechusäure.

Cyanidin[1])

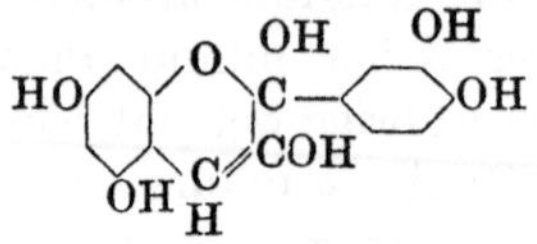

$$\text{HO}\diagdown\overset{\text{O}}{\diagup}\diagdown\overset{\overset{\text{OH}}{|}}{\text{C}}\!-\!\diagdown\overset{\text{OH}}{\diagup}\text{OH}$$

liefert schon bei einstündigem Kochen mit 30 proz. Kalilauge Phloroglucin. Die Säurekomponente tritt daneben erst bei höherer Temperatur auf (Protocatechusäure): 0,5 g Cyanidin werden bei 100° in 8 g Kaliumhydroxyd und 3 g Waser eingetragen, rasch auf 250° erhitzt und einige Minuten auf dieser Temperatur gehalten.

Die beiden letzten Beispiele veranschaulichen aufs neue die bereits erwähnte Erfahrung, daß der Phloroglucinrest schon bei verhältnismäßig gelinder Einwirkung abgetrennt wird. Der Rest des Moleküls ist nur in Ausnahmefällen, z. B. beim Apigenin, sogleich in Form einer gut definierten Verbindung zu fassen. In den übrigen Fällen muß dieses Spaltstück durch stärkeres Erhitzen weiter abgebaut werden.

Bei der Bewertung einer Alkalischmelze muß einer Reihe von Nebenreaktionen Rechnung getragen werden, für die einige Beispiele angeführt werden sollen, die zugleich zeigen, daß Kalilauge der Natronlauge vorzuziehen ist.

Nach Combes[2]) wird Phloroglucin durch 25 proz. Kalilauge bei 160° in 2—3 Stunden in Kohlensäure, Aceton und Essigsäure gespalten.

Quercit liefert, mit Kaliumhydroxyd bei 225—240° verschmolzen, unter anderem Hydrochinon[3]). Chinasäure wird in der Kali-[4]) und Natronschmelze[5]) in Protocatechusäure verwandelt.

---

[1]) A. **408**, 40 (1915).
[2]) Bl. (3) **11**, 716 (1894).
[3]) Prunier, A. ch. (5) **15**, 1 (1878).
[4]) Graebe, A. **138**, 203 (1866).
[5]) „Bei ziemlich niederer Temperatur", Hesse, A. **200**, 240 (1880).

Aus Resorcin wird durch Verschmelzen mit Natriumhydroxyd Brenzcatechin und Phloroglucin gebildet, aus Phenol Brenzcatechin, Resorcin und Phloroglucin[1]).

Vor allem verdient das schon angeführte Auftreten von Protocatechusäure bei der Zerlegung des Apigenins und Pelargonidins Beachtung. Beim normalen Verlaufe der Spaltung sollte als Säurekomponente nur p-Oxybenzoesäure entstehen; sie wird unter den Versuchsbedingungen jedoch teilweise zu Protocatechusäure oxydiert.

Starke Alkalien wirken auf Alkoxylgruppen verseifend[2]), wie auch das oben angeführte Beispiel der Isoferulasäure beweist. Der Nachweis von Pyrogallolderivaten unter den bei der Kalischmelze entstehenden Spaltstücken ist bei den Anthocyanidinen recht unsicher[3]); dagegen scheint der Gallussäurenachweis bei der Kalischmelze des Pistaciaphlobaphens keine besonderen Schwierigkeiten bereitet zu haben[4]).

In der älteren Gerbstoffchemie ist die Kalischmelze stets in ihrer energischen Form angewendet worden. Die Ergebnisse sind aus diesem Grunde mit der größten Vorsicht aufzunehmen; dazu kommt, daß nur in einzelnen Fällen die Einheitlichkeit des angewendeten Gerbstoffs gewährleistet ist, und die Frage offenbleibt, ob die Reaktionsprodukte nicht von Beimengungen stammen, wie Quercit, Chinasäure oder Quercetin, welch letzteres außerordentlich verbreitet ist. Des weiteren ist die Ausbeute, die meistens sehr schlecht ist, nur selten angegeben. Die Identifizierung der Spaltstücke beschränkt sich häufig auf einige Farbenreaktionen. Als zuverlässiger können die Ergebnisse an den Gerbstoffroten angesehen werden, und es muß hervorgehoben werden, daß die aus diesen isolierten Spaltstücke fast regelmäßig Phloroglucin und Protocatechusäure sind.

In manchen Fällen scheint die reduzierende Aufspaltung — Zink bezw. Zinkstaub mit Säuren oder Alkalien — bessere Er-

---

[1]) Barth u. Schreder, B. **12**, 417, 503 (1879). Kaliumhydroxyd wirkt auf Phenol nicht in diesem Sinne ein.

[2]) Perkin, Soc. **73**, 1027 (1898); Willstätter u. Nolan, A. **408**, 145 (1915).

[3]) Willstätter u. Martin, A. **408**, 121 (1915); Willstätter u. Mieg, A. **408**, 82 (1915).

[4]) Perkin, Wood, Soc. **73**, 376 (1898).

gebnisse zu zeitigen, als die Einwirkung von Säuren oder Alkalien allein[1]).

**Veränderung der Gerbstoffe durch Einwirkung von Fermenten.** Schimmelpilze, die auf Galläpfeltannin gewachsen sind, entwickeln ein Ferment, die „Tannase“, die Gerbstoffe vom Estertyp abbaut. Diesem Vorgange verdankte Scheele die Entdeckung der Gallussäure[2]). Das Auftreten von Gallussäure im fermentierenden Rauchopium wird auf den gleichen Vorgang zurückgeführt[3]).

Van Tieghem[4]) gewinnt in einer Untersuchung, die neben Scheeles und Streckers Abhandlungen die wertvollste der älteren Gerbstoffchemie ist, tiefere Einblicke in die Tätigkeit der Pilze. Zunächst beweist er, daß diese allein für den Abbau verantwortlich zu machen sind, und daß nicht ein in den Galläpfeln vorgebildetes Ferment daran beteiligt ist. Am besten eignen sich Penicillium glaucum, das als Nahrung verdünnte, und Aspergillus niger, der starke (z. B. 33 proz.) Tanninlösungen bevorzugt. Ihre Stickstoffnahrung finden die Pilze in den rohen Galläpfelauszügen von selbst. Auf einer Lösung von käuflichem Tannin (50 g in 500 g Wasser) wachsen die Pilze erst nach Zusatz von 0,5 g Ammoniumnitrat und 0,5 g Hefeasche. Bei Abwesenheit von Sauerstoff gedeihen die Pilze nicht. Ihre Wirkung ist grundverschieden, je nachdem sie auf der Nährlösung oder in derselben wachsen. Im ersten Falle wird das Tannin, ohne zerlegt zu werden, langsam verzehrt. Im zweiten Falle, wenn der Pilz, sobald er sich auf der Oberfläche ansetzt, in die Flüssigkeit hineingestoßen wird, gedeiht er darin zwar langsam, aber er übt nunmehr eine sehr starke spaltende Wirkung auf den Gerbstoff aus. Ein Aspergillusmycel, durch dessen Lebenstätigkeit in 10 Tagen gegen 50 g Tannin zerlegt worden waren, wog nach der Trocknung nur 0,022 g. Bei längerem Verlauf verzehrt der am Boden weiterwachsende Pilz zuerst die Glucose und greift dann erst die Gallussäure an.

Wird der im Wachstum befindliche, wirksame Pilz in eine neue Tanninlösung gebracht und aller Sauerstoff ausgeschlossen,

---

[1]) Benedikt, A. **185**, 114 (1877); Dekker, Arch. Néerl. sc. ex. et nat. (2) **14**, 50 (1909). Über Zersetzung von Gerbstoffen in heißer Glycerinlösung vgl. Pk. 415.

[2]) 1786. Crells Ann. **1**, 3, (1787).

[3]) Calmette, Revue scientifique **49**, 284 (1892); vgl. Lafar, Handbuch der technischen Mykologie **4**, 253 (Jena 1905—7).

[4]) Ann. scienc. nat. (5) Botanique **8**, 210 (1867).

so bleibt, wie van Tieghem fand, das Tannin unverändert. Er schloß daraus, daß die Wirkung an die Lebenstätigkeit der Pilze gebunden sei. Diese Folgerung ist später von Fernbach[1]) und Pottevin[2]) berichtigt worden.

Pottevin beobachtete, daß der Extrakt des auf Tannin gezüchteten Aspergillus Tannin zerlegt, und fand als günstigste Temperatur etwa 67°. Fernbach hat die „Tannase" selbst hergestellt, indem er Schimmelpilze, die auf Tannin gewachsen waren, maceriert und mit Wasser ausgezogen hat. Aus der eingeengten Lösung hat er die Tannase mit Alkohol gefällt. Fernbachs Verfahren wurde neuerdings zu folgender Vorschrift ausgearbeitet[3]):

Die Lösung von 50 g käuflichem Tannin in 500 ccm Leitungswasser wird zur Entfernung von festgehaltenem Äther und Alkohol $^1/_4$ Stunde lebhaft gekocht, mit Leitungswasser auf 2 l verdünnt, mit 50 g krystallisiertem Ammoniumsulfat, 1,5 g Dikaliumphosphat, 0,5 g Magnesiumsulfat und einigen Grammen Viehsalz versetzt und nach der Sterilisation in flachen Schalen mit Aspergillus niger geimpft. Nach etwa 4tägiger Aufbewahrung im Brutschrank werden die Pilzdecken, die von der beginnenden Sporenbildung nur leicht angefärbt sein dürfen, mit Wasser abgewaschen, mit der Hand ausgepreßt, feucht gewogen, mit dem 4fachen Gewicht Aceton gründlich verrieben und nach 24 Stunden abgesaugt und ausgepreßt. Die zerkleinerte Masse wird, nachdem das Aceton an der Luft verdunstet ist, im Vakuumexsiccator über Phosphorpentoxyd scharf getrocknet. Das fein zerriebene, abgewogene Material wird mit der doppelten Menge toluolhaltigem Wasser angerührt und nach einigen Stunden abgepreßt. Dieser Vorgang wird mehrere Male wiederholt. Die Auszüge werden unter vermindertem Druck eingeengt, bis das Gewicht etwa dem des angewendeten Pilzes gleichkommt, und mit dem 5fachen Volumen absoluten Alkohols gefällt. Der Niederschlag wird zur Entfernung der in reichlicher Menge im Extrakt vor-

---

[1]) C. r. **131**, 1214 (1900).

[2]) C. r. **131**, 1215 (1900); **132**, 704 (1901). Eine diesbezügliche Abhandlung von Javillier (Bull. scienc. pharmacol. **1901**, III, 39) enthält kein neues Beobachtungsmaterial. Der Javillier zugeschriebene Nachweis von Tannase in verschiedenen anderen Pilzen (Dkk. 310) ist nicht erbracht.

[3]) K. Freudenberg, B. **52**, 183 (1919); Dps. 522.

handenen Glucose noch zweimal in der gleichen Weise umgefällt. Die Tannase wird als ein graugelbes Pulver erhalten, dessen Menge etwa den zehnten Teil des Pilzes ausmacht. Nach kurzem Aufkochen mit verdünnter Salzsäure reduziert es Fehlingsche Lösung.

Die Tannase wird, wenn keine Neutralisationsmittel angewendet werden, am besten in 0,2—0,5prozentiger Gerbstofflösung zur Anwendung gebracht, da bei stärkerer Konzentration die freiwerdende Gallussäure die Tätigkeit des Ferments derartig beeinträchtigt, daß die Säure entfernt und neue Tannase zugesetzt werden muß[1]). Stärkere Säuren als Gallussäure wirken noch störender[2]). Den Verlauf der Hydrolyse verfolgt man am besten durch Titration an der Zunahme der Säure. Auf einen Teil Gerbstoff kommt im allgemeinen so viel Tannase zur Anwendung, wie aus einem halben Gewichtsteile Mycel gewonnen wird. Ein Abbauversuch mit Tannase ist bei der Beschreibung des Hamamelitannins geschildert[3]).

Gerbstofflösungen färben sich während der Einwirkung der Tannase stets dunkler; diese Erscheinung ist wohl mit der Gegenwart von Spuren einer Oxydase zu erklären.

Die Tannase löst in den Gerbstoffen die Bindung zwischen Carboxyl und Hydroxyl, das entweder aliphatisch sein kann, wie bei den Zuckern, oder aromatisch, wie z. B. in der im chinesischen Tannin enthaltenen Digallussäuregruppe. Das Ferment ist demnach als eine Esterase anzusehen oder vielmehr als ein Gemisch von Fermenten, in dem eine Esterase als Tannase fungiert. Daß die Wirksamkeit der Tannase sich nicht auf die Gerbstoffe beschränkt, hat Pottevin gezeigt, denn er hat mit ihrer Hilfe Phenolglucoside, z. B. Arbutin, ferner den Methyl- und Phenylester der Salicylsäure, sowie Fette gespalten. Auch wenn dem Aspergillus niger Gallussäure statt Tannin geboten wird, entwickelt er nach Pottevin Tannase. Knudson[4]) fand jedoch, daß in diesem Falle die Ausbeute an Ferment geringer ist. Pottevin stellte das Ferment auch in Sumachblättern (Rhus coriaria) fest.

---

[1]) K. Freudenberg, B. **52**, 178 (1919); Dps. 518.
[2]) K. Freudenberg, B. **52**, 1242 (1919).
[3]) S. 84. B. **52**, 174 (1919); Dps. 523; vgl. Abbau der Chlorogensäure, K. Freudenberg, B. **53** 232 (1920).
[4]) Journ. of Biol. Chem. **14**, 185 (1913); C. 1913, I, 2058.

Auf van Tieghems Erfahrungen greift Calmette[1]) in seinem
Verfahren zur technischen Darstellung von Gallussäure zurück.
Bei 100° sterilisierte Galläpfelextrakte werden mit Aspergillus
(gallomyces?) geimpft und durch Zuführung keimfreier Luft in
den unteren Teil der Flüssigkeit in Bewegung gehalten, so daß
die Pilze innerhalb der Flüssigkeit und nicht auf der Oberfläche
wachsen. Das Tannin wird dabei völlig zerlegt.

Nach Gorter[2]) wird Chlorogensäure, das im Kaffee vorkommende Depsid aus Kaffeesäure und Chinasäure

$$\text{HO} \atop \text{HO}\bigcirc\!\!\!-\underset{\text{H}}{\text{C}}\!=\!\underset{\text{H}}{\text{C}}\!-\underset{\text{O}}{\text{C}}\cdot\text{O}\cdot\text{C}_6\text{H}_7(\text{OH})_3\cdot\text{COOH}\,,$$

von Mucor- und Penicilliumarten, nach Freudenberg[3]) durch
Aspergillustannase in Kaffeesäure und Chinasäure zerlegt.

Die krystallisierte 1-Galloyl-$\beta$-glucose wird von Emulsin,
Phaseolunatase und Hefeauszug gespalten[4]). Emulsin zerlegt
auch das Glucosid der Gallussäure, die von E. Fischer und
H. Strauss synthetisch bereitete $\beta$-p-Glucosidogallussäure[5]).
Im übrigen verzögert Tannin ähnlich wie Gallussäure und Hydrochinon die Einwirkung von Emulsin auf Glucoside[6]). Bierhefe
wächst nach van Tieghem nicht in Tanninlösung und zerlegt
den Gerbstoff nicht. Sobald aber der Gerbstoff durch Schimmelpilze gespalten ist, wird der Zucker leicht vergoren. Bis dahin
war die Meinung verbreitet gewesen, daß frische Hefe Tannin
abbaue[7]). Die technische „Tanningärung‟ mit Hefe — angefeuchtete Galläpfel werden mit Bierhefe angerührt[8]) — wäre
danach so zu deuten, daß die stets in den Galläpfeln anwesenden
Pilze erst die Zerlegung des Tannins bewirken, worauf der Zucker
von der Hefe vergoren wird. Der Auffassung, daß die Hefe am
Abbau des Tannins unbeteiligt sei, widersprechen jedoch neuere

---

[1]) D. R. P. 129 164 (1900); Z. Ang. **15**, 259 (1902).

[2]) Ar. **247**, 184 (1909).

[3]) B. **53** 232 (1920).

[4]) E. Fischer, M. Bergmann, B. **51**, 1798 (1918), Dps. 389.

[5]) B. **45**, 3773 (1912), Dps. 426.

[6]) Fichtenholz, Journ. Pharm. Chim. (6) **30**, 199; C. 1909, II,
1561.

[7]) Z. B. Strecker, A. **90**, 328 (1854).

[8]) Ullmann, Encyclopädie d. techn. Chemie **5**, 617 (Berlin, Wien
1917).

Versuche von Biddle und Kelley[1]). Sie haben 4proz. sterilisierte Tanninlösung ($[\alpha]_D = +10° - +55°$) mit einer reinen Hefekultur versetzt und nach 10 Tagen Alkohol feststellen können. Die nunmehr optisch inaktive Lösung gab trotzdem noch Gerbstoffreaktionen, z. B. Leimfällung. Aus der Stärke der Gallussäure-cyankalireaktion vor und nach dem Versuch schließen die Verfasser zwar auf eine Zunahme der freien Gallussäure, aber sie vermuten, daß die Zerlegung in Gallussäure durchaus unvollständig sei. Das würde bedeuten, daß die Hefe die Gallussäuredepside als größtenteils unversehrte Spaltstücke vom Zucker ablöst, d. h. die Esterbindung zwischen Gallussäure und Zuckerhydroxyl aufhebt, die Esterbindung der gleichen Säure mit Phenolhydroxylen dagegen schont. Die erwähnte Zerlegung der 1-Galloyl-$\beta$-glucose (s. d.) durch Hefe kann als eine teilweise Bestätigung dieser im übrigen noch zu beweisenden Schlüsse angesehen werden.

# 5. Derivate.

**Acetylierung, Acetylbestimmung, Abspaltung der Acetylgruppen.** Für die Acetylierung können folgende Vorschriften als Anhalt dienen:

6 g gereinigtes Chin. Tannin werden mit 25 ccm frisch destilliertem Essigsäureanhydrid und derselben Menge getrocknetem Pyridin bei 15—20° auf der Maschine geschüttelt. Nach 24 Stunden ist klare Lösung eingetroten. Die Flüssigkeit wird noch 3 Tage bei Zimmertemperatur aufbewahrt und dann in dünnem Strahl in mit Eis versetzte, überschüssige, verdünnte Schwefelsäure eingegossen. Dabei fällt ein schwach gelbbraunes, zähes Öl aus, das beim Verreiben langsam fest und bröckelig wird, so daß es nach einigen Stunden abgesaugt werden kann. Das Präparat gibt in acetonischer Lösung mit etwas Eisenchlorid keine Grünfärbung mehr. Es wird nach dem Trocknen in 40 ccm Chloroform gelöst und in 250 ccm stark gekühlten Methylalkohol in dünnem Strahl unter Umrühren eingegossen. Dabei fällt die Acetylverbindung in farblosen Flocken aus. Ausbeute nach dem Trocknen bei 100° und 11 mm etwa 9 g[2]).

---

1) Am. Soc. **34**, 919 (1912).
2) E. Fischer, M. Bergmann, B. **51**, 1777 (1918), Dps. 366.

Daß auch die Zuckerhydroxyle auf diese Weise acetyliert werden, beweist die ebenso durchgeführte Acetylierung der l-Galloyl-$\beta$-Glucose[1]).

Gambircatechin und Tetramethylcatechin werden durch Kochen mit Essigsäureanhydrid und Natriumacetat vollständig acetyliert[2]). Unter den gleichen Bedingungen werden Oxyketone wie Cotoin, Phloretin und Maclurin in acetylierte Cumarinderivate übergeführt[3]).

Zur Darstellung von Triacetylgallussäure werden 500 g käufliche, krystallisierte Gallussäure mit $2^1/_2$ kg Essigsäureanhydrid übergossen und unter häufigem Umschütteln allmählich mit 50 g wasserfreiem, gekörntem Zinkchlorid versetzt. Unter Selbsterwärmung entsteht bald eine klare, etwas braungefärbte Lösung, die man noch 2 Stunden auf dem Wasserbade erhitzt und nach dem Abkühlen in etwa 10 l kaltes Wasser eingießt. Das abgeschiedene dicke Öl beginnt nach kurzer Zeit zu erstarren. Nach 12 Stunden wird abgesaugt und mit kaltem Wasser gewaschen. Das Rohprodukt enthält Verunreinigungen, die von Bicarbonat nicht gelöst werden. Man übergießt deshalb die zerkleinerte Masse mit 2—3 l Wasser und gibt so lange konzentrierte Kaliumbicarbonatlösung zu, bis keine Kohlensäureentwicklung mehr zu bemerken ist. Die filtrierte, kaum gefärbte Lösung wird sofort mit verdünnter Salzsäure versetzt, wobei die Triacetylgallussäure krystallinisch ausfällt. Ausbeute etwa 600 g oder 76% der Theorie[4]).

Für die Acetylierung der Chlorogensäure gibt Gorter[5]) folgende Vorschrift: Zum Gemisch von 15 Tropfen konzentrierter Schwefelsäure und 25 ccm Essigsäureanhydrid werden 5 g Chlorogensäure in kleinen Portionen gegeben, so daß die Flüssigkeit sich nur langsam erwärmt. Man läßt noch 2 Stunden bei Zimmertemperatur stehen, gießt in die 10—20fache Menge Wasser und schüttelt kräftig. Die vollständig acetylierte Säure scheidet sich

---

[1]) Ebenda, S. 1797, Dps. 387.
[2]) Kostanecki u. Tambor, B. **35**, 1868 (1902).
[3]) Ciamician u. Silber, B. **27**, 409, 1627 (1894); B. **28**, 1392 (1895); vgl. S. 114.
[4]) E. Fischer, M. Bergmann, W. Lipschitz, B. **51**, 53 (1918), Dps. 440.
[5]) A. **359**, 225 (1908).

alsbald fest ab und wird aus verdünntem Alkohol umkrystallisiert. Ausbeute 5—6 g.

Beim Umkrystallisieren von Acetylverbindungen aus Methylalkohol ist wegen der leicht eintretenden Alkoholyse Vorsicht geboten[1]).

Bestimmung der Acetylgruppen. Für acetylierte Tannine haben Fischer und Bergmann[2]) folgendes Verfahren empfohlen: 0,4—0,5 g werden in 50 ccm reinem Aceton gelöst und im Wasserstoffstrom unter Umschütteln bei 20° erst mit 25 ccm n-Natronlauge und nach einigen Minuten mit 60 ccm Wasser versetzt. Zum Schluß ist eine klare gelbrote Lösung entstanden. Sie wird noch eine Stunde bei Zimmertemperatur aufbewahrt, dann mit Phosphorsäure stark angesäuert und nun in einem rasch wirkenden Extraktionsapparat erschöpfend mit reinem Äther extrahiert. Die ätherische Flüssigkeit wird unter Zusatz von 200 ccm Wasser aus einem Bade, das zum Schluß auf 140° erhitzt wird, destilliert und diese Operation noch 2—3 mal nach Zugabe von 150 ccm Wasser wiederholt, bis keine Säure mehr übergeht. Selbstverständlich wird festgestellt, daß das verwendete Aceton und der Äther unter denselben Bedingungen kein saures Destillat geben. Die Flüssigkeit wird mit $^n/_{10}$ Natronlauge titriert.

A. G. Perkin[3]) kocht die Acetylverbindung in alkoholischer Schwefelsäure, destilliert den gebildeten Essigester über, verseift ihn und titriert die Essigsäure.

Abspaltung der Acetylgruppen. Acetyle, die an phenolischem Hydroxyl haften, werden außerordentlich leicht abgespalten, jedenfalls viel leichter als mit alkoholischen Hydroxylen verbundene, wie sie z. B. in den Acetylverbindungen der Zucker oder der Chinasäure vorliegen.

Gorter spaltet die am Kaffeesäurerest der Pentacetylchlorogensäure[4])

$$\text{H}_3\text{C} \cdot \text{COO}\qquad \text{H} \quad \text{H} \quad \text{O}$$
$$\text{H}_3\text{C} \cdot \text{COO}\left\langle\bigcirc\right\rangle\!-\!\text{C}\!=\!\text{C}\!-\!\text{C} \cdot \text{O} \cdot \text{C}_6\text{H}_7(\text{OCOCH}_3)_3 \cdot \text{COOH}$$

---

[1]) E. Fischer, M. Bergmann, B. **51**, 1792, Anm. (1918), Dps. 382.

[2]) B. **51**, 1768 (1919), Dps. 357.

[3]) Soc. **87**, 107 (1905).

[4]) A. **379**, 125 (1911). Von Gorter Pentacetylhemichlorogensäure genannt. Vgl. K. Freudenberg, B. **53**, 232 (1920).

haftenden Acetyle ab durch Kochen mit Anilin oder Kaliumacetat[1]) in alkoholischer Lösung. Dieselbe Triacetylchlorogensäure entsteht, wenn die Pentacetylverbindung mit 20proz. wäßriger Essigsäure gekocht wird.

Verseifung von Acetyltannin mit Salzsäure[2]): 5 g Acetyltannin werden in 50 ccm Aceton gelöst, mit dem Gemisch von 50 ccm Methylalkohol und 7 ccm wäßriger Salzsäure (D. 1,19) versetzt, bis zur Lösung der entstehenden Fällung geschüttelt und nach 24stündigem Stehen mit etwas Wasser verdünnt. Nachdem unter Kühlung und dauerndem Umschütteln 75 ccm n-Natronlauge zugegeben sind, werden die organischen Lösungsmittel unter stark vermindertem Druck abdestilliert. Der abgeschiedene Gerbstoff wird nach Zusatz von etwas verdünnter Schwefelsäure mit Essigäther aufgenommen, die Lösung mehrmals mit Wasser gewaschen und unter vermindertem Druck, zuletzt nach Zugabe von Wasser, verdampft. Da die zurückbleibende Masse noch etwas Acetyl enthält, wird die Behandlung mit Methylalkohol und Salzsäure genau in der zuvor beschriebenen Weise einmal wiederholt. Ausbeute 2,9 g eines Tannins, das sich vom Ausgangsmaterial in der Drehung nur wenig unterscheidet.

Von den verschiedenen Verfahren ist die Verseifung mit Salzsäure das schonendste, denn es läßt sogar den räumlichen Aufbau des Tanninmoleküls nahezu unverändert. Der widerstandsfähigere Tetragalloylerythrit wird aus seiner Acetylverbindung folgendermaßen gewonnen[3]):

3 g Acetat werden in 6 ccm heißem Eisessig gelöst, mit 4 ccm 5 n-Salzsäure versetzt und auf 90—95° erhitzt, bis wieder Lösung eingetreten ist. Die Flüssigkeit wird noch 10 Minuten auf der gleichen Temperatur gehalten. Beim Erkalten krystallisiert der Tetragalloylerythrit aus.

Bei der Verseifung des Acetyltannins mit verdünnter Natronlauge wird der sterische Aufbau etwas mehr verändert als bei der Verwendung von Salzsäure. Als Beispiel einer solchen Verseifung kann die Überführung von Penta- (Pentacetyl-m-digalloyl)-

---

[1]) Über Verseifung acylierter Phenole mit Kaliumacetat, s. auch A. G. Perkin u. Briggs, Soc. **81**, 218 (1902); vgl. B. **51**, 46, Anm. (1918). Dps. 433.

[2]) E. Fischer, M. Bergmann, B. **52**, 836 (1919), Dps. 401.

[3]) E. Fischer und M. Bergmann, B. **52**, 843 (1919) Dps., 409.

$\beta$-Glucose in Penta-(m-digalloyl)-$\beta$-glucose[1]) dienen. Schonender ist die Verseifung mit wäßrigem Natriumacetat, die E. Fischer und M. Bergmann auf das genaueste ausgearbeitet haben[2]).

Die Verseifung der (Triacetyl-galloyl)-tetracetyl-glucose[3]) kann mit alkoholischem Ammoniak so geleitet werden, daß, ähnlich wie bei der Chlorogensäure, zuerst die aromatischen Hydroxyle freigelegt werden und nach ihnen, bei stärkerer Einwirkung, auch die aliphatischen Hydroxyle der Glucose. Die Einzelheiten des Abbaus sind im Original einzusehen, desgleichen die ähnlichen Vorschriften, die zur Bereitung der p-Oxybenzoylglucose und ihres Tetracetylderivates führten[4]). Mit wäßrigem Ammoniak wird die Pentacetyl-p-Digallussäure in m-Digallussäure übergeführt[5]).

Ein letztes Verfahren beruht auf der Umesterung der Essigsäureester komplizierter Alkohole unter dem katalytischen Einflusse geringer Alkalimengen[6]). Ähnlich wie Glucose aus ihrer Pentacetylverbindung in Freiheit gesetzt wird, läßt sich die p-Oxybenzoylglucose auf folgende Weise aus ihrer Pentacetylverbindung bereiten: 5 g fein gepulvertes Pentacetat werden in 50 ccm Alkohol suspendiert und dazu unter Umschütteln bei Zimmertemperatur 1 ccm wäßrige 10 n-Natronlauge (etwa 1 Mol) gefügt. Die Krystalle verschwinden rasch, und an ihre Stelle tritt eine starke ölige Trübung. Gleichzeitig wird der Geruch nach Essigäther bemerkbar. Fügt man im Laufe der nächsten halben Stunde in 5 Portionen 50 ccm Wasser zu, so erfolgt erst Abscheidung einer zähen Masse, die aber wieder in Lösung geht. Nach einer weiteren Stunde ist die Verseifung beendet. Auch mit alkoholischem Kaliumacetat ist eine katalytische Umesterung beobachtet worden[7]).

**Methylierung. Abbau methylierter Gerbstoffe. Methoxylbestimmung.** Auf verschiedenen Gebieten der Gerbstoffchemie hat die

---

[1]) E. Fischer, M. Bergmann, B. **51**, 1769 (1918). Dps. 358.

[2]) B. **51**, 1780 (1918), Dps. 369.

[3]) E. Fischer, M. Bergmann, B. **51**, 1802 (1918), Dps. 392.

[4]) E. Fischer, M. Bergmann, B. **52**, 849 u. 850 (1919), Dps. 415, 416.

[5]) E. Fischer, M. Bergmann, W. Lipschitz, B. **51**, 61 (1918), Dps. 449, vgl. S. 66.

[6]) E. Fischer, M. Bergmann, B. **52**, 830, 848, 952 ff. (1919), Dps. 396, 414, 418.

[7]) Perkin, Soc. **87**, 108 (1905); vgl. S. 43.

Untersuchung der Methylderivate zu entscheidenden Ergebnissen geführt. Beständige Gerbstoffe können mit Dimethylsulfat, empfindlichere müssen mit Diazomethan methyliert werden. Phloroglucin und seine Derivate, z. B. Cotoin und Quercetin[1]) können durch Jodmethyl und Alkali im Kerne methyliert werden, dieses Methylierungsmittel wird deshalb selten in Betracht kommen.

Methylierung von Gallusaldehyd[2]). Die Lösung von 1 g Aldehyd in 10 ccm Wasser und 11,6 ccm 2 n-Natronlauge wird unter Durchleiten von Wasserstoff und kräftigem Schütteln bei 50 bis 60° allmählich mit 2,3 ccm-Dimethylsulfat versetzt. Nach einer halben Stunde kräftigen Schüttelns werden 5 ccm Natronlauge und 1 ccm Dimethylsulfat zugesetzt. Nach etwa 15 Minuten weiteren Schüttelns wird langsam Alkali zugegeben, bis die Flüssigkeit auch bei längerem Schütteln alkalisch bleibt. Der methylierte Aldehyd scheidet sich krystallinisch ab.

Erschöpfende Methylierung von Eriodictyol[3])

$$\mathrm{HO}\!\!\begin{matrix}\mathrm{OH}\\ \diagup\diagdown\\ \mathrm{OH}\end{matrix}\!\!-\underset{\mathrm{O}}{\mathrm{C}}-\underset{\mathrm{H}}{\mathrm{C}}=\underset{\mathrm{H}}{\mathrm{C}}-\!\!\begin{matrix}\mathrm{OH}\\ \diagup\diagdown\end{matrix}\!\!\mathrm{OH}$$

Der Naturstoff wird in Alkohol gelöst, die Flüssigkeit mit Dimethylsulfat im Überschuß versetzt, erhitzt und mit starker alkoholischer Kalilauge derart versetzt, daß die Mischung im gelinden Sieden bleibt. Die Zugabe von Methylsulfat und Alkali wird wiederholt.

Monomethyleriodictyol[4])

$$\mathrm{H_3CO}\!\!\begin{matrix}\mathrm{OH}\\ \diagup\diagdown\\ \mathrm{OH}\end{matrix}\!\!-\underset{\mathrm{O}}{\mathrm{C}}-\underset{\mathrm{H}}{\mathrm{C}}=\underset{\mathrm{H}}{\mathrm{C}}-\!\!\begin{matrix}\mathrm{OH}\\ \diagup\diagdown\end{matrix}\!\!\mathrm{OH}$$

Zur Lösung von Eriodictyol in absolutem Alkohol werden $1\frac{1}{2}$ Mol Methylsulfat gegeben, das unmittelbar vorher mit wäßrigem Natriumcarbonat gewaschen und getrocknet war. Die heiße Lösung wird mit etwas mehr als 1 Mol Natrium, in absolutem Alkohol gelöst, versetzt.

---

[1]) Literatur s. Meyer - Jacobson, Lehrbuch, II. Band, 3. Teil, S. 751 (Leipzig 1919).

[2]) Rosenmund u. Zetzsche, B. **51**, 594 (1918). Methylierung von Vanillin: Rosenmund, B. **43**, 3415 (1910).

[3]) Tutin, Soc. **97**, 2058 (1910).

[4]) Ebenda.

Methylierung von Gambircatechin[1]). In einem großen Kolben löst man 30 g Catechin in 150 ccm Alkohol auf und setzt zu der erkalteten Lösung 38 g Dimethylsulfat und 17 g Kalihydrat, gelöst in 15 ccm Wasser, hinzu. Alsdann trägt man noch einmal dieselbe Menge von Dimethylsulfat und Kalilauge ein. Es tritt bald energische Reaktion ein, die schnell nachläßt. Nach einiger Zeit wird der Catechintetramethyläther durch viel Wasser gefällt.

Durch erneute Behandlung mit einem großen Überschuß von Dimethylsulfat geht die Tetraverbindung des Catechins in den Pentamethyläther über[2]). Phloroglucin wird durch gasförmige Salzsäure in methylalkoholischer Lösung teilweise methyliert[3]).

Bei der Ellagsäure führte von den verschiedenen Verfahren nur die Anwendung von Diazomethan zum Tetramethyläther[4]). Die Säure wurde mit Äther übergossen und im geschlossenen Gefäße mit Diazomethan behandelt. Als nach 3 Tagen ein merklicher Überschuß von Diazomethan vorhanden war, wurde filtriert. Die Methylierung geht also vonstatten, ohne daß die Ellagsäure sich löst.

Die gegen Alkali empfindlichen Gerbstoffe der Tanninklasse werden mit Diazomethan methyliert. Zur eiskalten Lösung von 5 g scharf getrocknetem türkischem Tannin in 20 ccm getrocknetem Aceton wird so viel einer ätherischen Diazomethanlösung zugetropft, bis die Flüssigkeit dauernd gelb gefärbt ist. Diese Lösung bleibt 3 Stunden bei gewöhnlicher Temperatur stehen und muß dann noch unverbrauchtes Diazomethan enthalten. Man zerstört nun den Überschuß von Diazomethan durch einige Tropfen Eisessig und fällt sofort mit viel Petroläther. Der harzige Niederschlag wird beim Verreiben mit frischem Petroläther schnell fest. Zur Entfernung der organischen Lösungsmittel wird er mit siedendem Wasser übergossen, bis alles geschmolzen ist, und tüchtig durchgearbeitet. Nach Entfernung des heißen Wassers

---

[1]) Kostanecki u. Tambor, B. **35**, 1868 (1902). In ähnlicher Weise wird Maclurin methyliert. B. **39**, 4015 (1906).

[2]) Kostanecki u. Lampe, B. **39**, 4011 (1906).

[3]) Albrecht, Diss. Berlin 1884; Will, B. **21**, 603 (1888); Mauthner, J. pr. **87** 408 (1913). Ferner Herzig, Wenzel, M. **27**, 785 (1906). Vgl. Tutin, Caton, Soc. **97**, 2064 (1910). Darstellung von Trimethylphloroglucin: Freudenberg, B. **53** (1920).

[4]) Herzig u. Pollak, M. **29**, 267 (1908).

erstarrt die Masse sofort beim Erkalten. Sie wird unter frischem Wasser fein zerrieben und das Erhitzen mit Wasser usw. nochmals wiederholt. Schließlich resultiert ein amorphes, schwach gelbliches Pulver. Ausbeute 5,5—5,8 g[1]).

Da die freien Gerbstoffe in Chloroform unlöslich, die methylierten Produkte aber meist löslich sind, können die Gerbstoffe in diesem sehr geeigneten Medium unter der Einwirkung von Diazomethan in Lösung gebracht werden. 0,5 g entwässerte und fein gepulverte m-Digallussäure wird in 26 ccm reinem Chloroform suspendiert und unter Eiskühlung Diazomethan (aus 2,5 ccm käuflicher Nitosomethylurethanlösung) zudestilliert. Die entstehende Lösung ist durch überschüssiges Diazomethan gelb gefärbt. Man läßt bei gewöhnlicher Temperatur 10—15 Minuten stehen, verdunstet dann unter geringem Druck zum Sirup, der sich bald in eine Krystallmasse von Pentamethyl-m-digallussäuremethylester verwandelt[2]).

Freie aliphatische Hydroxyle werden von Diazomethan kaum angegriffen. So bleibt z. B. in der Chebulinsäure, nachdem die Phenolhydroxyle methyliert sind, trotz zweimaliger Behandlung mit Diazomethan eine offenbar aliphatische Hydroxylgruppe offen, die sich durch Brombenzoylchlorid nachweisen läßt (vgl. S. 29)[3]). 20 g sorgfältig getrocknete Chebulinsäure werden in 100 ccm trokkenem Aceton gelöst, in der Kältemischung abgekühlt und eine ätherische Diazomethanlösung, die aus 50 g Nitrosomethylurethan hergestellt ist, langsam zugefügt. Dabei findet starke Stickstoffentwicklung statt, und vorübergehend scheidet sich eine amorphe Masse ab, die sich bei wenig höherer Temperatur wieder löst. Die Flüssigkeit bleibt dann 6 Stunden bei 20° stehen und ist zum Schluß noch stark gelb gefärbt. Durch tropfenweisen Zusatz von Eisessig wird das überschüssige Diazomethan zerstört und nun die Flüssigkeit sofort in 1 l Petroläther eingegossen. Hierbei entsteht ein Niederschlag, der teils flockig, teils klebrig ist und nach dem Abgießen der Mutterlauge und sorgfältiger Behandlung mit frischem Petroläther bald ganz bröckelig wird. Dieses Präparat gibt in alkoholischer Lösung mit Eisenchlorid noch eine ziemlich starke Grünfärbung. Es wird deshalb nach dem Trocknen im

---

[1]) E. Fischer, K. Freudenberg, B. **47**, 2497 (1914), Dps. 341.
[2]) E. Fischer u. K. Freudenberg, B. **46**, 1127 (1913), Dps. 317.
[3]) E. Fischer, M. Bergmann, B. **51**, 317 (1918), Dps. 506.

Vakuumexsiccator von neuem in Aceton gelöst, wiederum mit
einer ätherischen Diazomethanlösung aus 30 g Nitrosomethylurethan 3 Stunden bei 20° behandelt und die Lösung in der eben beschriebenen Weise verarbeitet. Ausbeute 22 g.

Aus der Anzahl der in einen Gerbstoff eingetretenen Methylgruppen dürfen allzu weitgehende Schlüsse nicht gezogen werden,
denn Herzig und Schönbach[1]) haben nachgewiesen, daß Glucoside bei längerer Einwirkung von Diazomethan am Zuckerrest
teilweise methyliert werden.

Auch sonst werden Nebenreaktionen mit Diazomethan beobachtet. In methylalkoholischer Lösung bilden sich bei der
Methylierung von türkischem Tannin greifbare Mengen von
Trimethylgallussäuremethylester; aus diesem Grunde wurde
Aceton gewählt[2]), da in diesem Lösungsmittel die Verdrängung
der Gallussäurereste aus ihrer Bindung mit dem Zucker nicht
beobachtet wurde. Schon vorher war von Herzig und Tichatschek[3]) festgestellt worden, daß in acetylierten Phenolderivaten
die Acetylgruppen unter der Einwirkung von Diazomethan sehr
leicht durch Methyl verdrängt werden. Auch Tribenzoylglucose
wird stark verändert, wenn sie in Acetonlösung mit einem großen
Überschuß an Diazomethan 5 Stunden aufbewahrt wird[4]). Vielleicht findet hier nebeneinander eine teilweise Verdrängung von
Benzoyl und die teilweise Methylierung des Zuckers statt.

Es darf nach alledem nicht ohne weiteres angenommen werden,
daß die Struktur eines Gerbstoffes nach der Methylierung mit
Diazomethan unverändert vorliegt; besondere Vorsicht scheint
bei partiell acylierten Zuckern geboten. Dazu kommt noch eine
Störung, die ihren Grund darin hat, daß dem Diazomethan häufig
etwas Methylamin beigemengt ist. Dieses legt sich an die Carboxyloder Phenolgruppen und sperrt sie für die weitere Methylierung,
die dann auch bei langer Einwirkung nicht vollständig wird.
Das Reaktionsprodukt muß in diesem Falle isoliert, mit Säure
behandelt und von neuem methyliert werden. Nach alledem ist
ein unnötiger Überschuß von Diazomethan zu vermeiden, die

---

[1]) M. **33**, 673 (1912).
[2]) E. Fischer, K. Freudenberg, B. **47**, 2497 f (1914), Dps. 341, 342.
[3]) B. **39**, 268, 1557 (1906).
[4]) E. Fischer, M. Bergmann, B. **51**, 320 (1918), Dps. 509.

Reaktionsdauer tunlichst abzukürzen[1]) und das isolierte Methylderivat gegebenenfalls einer zweiten, kurzen Behandlung mit
Diazomethan zu unterwerfen.

Ein Beispiel für die Hydrolyse eines methylierten
Tannins bringt die Untersuchung des türkischen Tannins von
E. Fischer und K. Freudenberg[2]).

Die Verbrennung methylierter Tannine ist mit besonderer
Sorgfalt auszuführen, weil leicht zu niedrige Kohlenstoffwerte
gefunden werden[3]). Die Methoxylbestimmung muß unter
Zusatz von Essigsäurehydrid (6—8 Volumprozent der Jodwasserstoffsäure) oder von Eisessig oder Phenol vorgenommen werden.
Ferner muß der von Goldschmidt bei der Tetramethylellag-
säure eingeschlagene Weg — Wiederholung des Versuchs mit
verstärkter Jodwasserstoffsäure und frischer Silberlösung so
lange, bis beim Verdünnen mit Wasser keine Trübung mehr
auftritt — zur allgemeinen Regel werden[4]).

Die **Bestimmung der Hydroxyle** erfolgt am besten durch vorsichtige Acetylierung mit Pyridin und Essigsäureanhydrid und
nachherige Acetylbestimmung.

Die Gesamtzahl der phenolischen und alkoholischen Hydroxyle
läßt sich auch nach dem im Abschnitt über die Molekulargewichtsbestimmung beschriebenen Verfahren mit p-Brombenzoylchlorid
feststellen. Bei Gerbstoffen, die aromatische und aliphatische
Hydroxyle nebeneinander enthalten, lassen sich die ersteren durch
Diazomethan methylieren und nunmehr die letzteren durch Brombenzoylchlorid nachweisen. Daß dieses Verfahren keine zuver-
lässigen Ergebnisse liefert, ist im vorigen Abschnitte dargetan.

Wieweit hier das Bestimmungsverfahren der Alkohole und
Phenole nach Verley und Bölsing[5]) von Nutzen werden kann,
wird der Versuch lehren müssen. Die Verfasser stellen ein Gemisch
von Essigsäureanhydrid und Pyridin her, in dem sich alles Anhy-
drid mit wäßrigem Alkali als Essigsäure titrieren läßt. Indem
sie diese Bestimmung vor und nach der Einwirkung des Gemisches

---

[1]) Vgl. E. Fischer, B. **52**, 824 (1919), Dps. 55.

[2]) B. **47**, 2498 (1914), Dps. 343.

[3]) B. **47**, 2497 (1914), Dps. 341.

[4]) J. Herzig, M. **29**, 296 (1908); vgl. H. Meyer, Analyse u. Konst.-
Ermittl., 3. Aufl., Berlin 1916, S. 747.

[5]) B. **34**, 3354 (1901).

auf einen Alkohol oder ein Phenol ausführen, bestimmen sie die Essigsäurereste, die an die Hydroxyle getreten sind.

**Carbomethoxyderivate.** In einzelnen Fällen sind für synthetische Zwecke statt der Acetylderivate von Phenolcarbonsäuren deren Carbomethoxyverbindungen von Nutzen. Dieser Fall tritt ein, wenn in Carbonsäuren mehrwertiger Phenole die in meta- oder para-Stellung befindlichen Hydroxyle geschützt, die orthoständigen aber offen bleiben sollen. Chlorkohlensäureester hat die Eigentümlichkeit, in wäßrig alkalischer Lösung im allgemeinen die o-Hydroxyle zu schonen und nur die m- und p-ständigen zu carbomethoxylieren. Eine Ausnahme bilden Orsellinsäure und Pyrogallolcarbonsäure, die sich auch in wäßrig-alkalischer Lösung mit einem großen Überschuß von Chlorkohlensäureester vollständig carbomethoxylieren lassen[1]). Die entsprechenden partiell acetylierten Säuren lassen sich schwieriger und nur auf Umwegen herstellen.

Monocarbomethoxygentisinsäure[2]).

$$\text{HO}\langle\ \rangle\text{O} \cdot \text{COO} \cdot \text{CH}_3,\quad \text{COOH}$$

Da sich die alkalische Lösung der Gentisinsäure an der Luft rasch oxydiert, muß die Kuppelung in einer Wasserstoffatmosphäre ausgeführt werden. Die Apparatur ist genau vorgeschrieben[3]). Zu einer stark gekühlten Lösung von 10 g Gentisinsäure in 130 ccm n-Natronlauge (2 Mol) gibt man 6,7 g Chlorkohlensäuremethylester (1,1 Mol) in mehreren Portionen unter kräftigem Schütteln. Beim Ansäuern mit verdünnter Salzsäure fällt die Monocarbomethoxygentisinsäure als bald krystallisierendes Öl aus.

Die Einwirkung von wäßrigem Pyridin auf Tricarbomethoxygallussäure nimmt einen unerwarteten, bisher unaufgeklärten Verlauf[4]). Carboalkyloxyverbindungen können demnach nicht

---

[1]) E. Fischer, K. Hoesch, A. **391**, 366 (1912); E. Fischer, M. Rapaport, B. **46**, 2389 (1913), Dps. 170, 187.

[2]) E. Fischer, B. **42**, 222 (1909), Dps. 87.

[3]) E. Fischer, B. **41**, 2882 (1908), Dps. 70.

[4]) Ebenda, 2883, Dps. 71.

mit wäßrigem Pyridin verseift werden, wie es Nierenstein mehrfach versucht hat[1]).

**Azoderivate.** Azoverbindungen der Phloroglucinabkömmlinge. Phloroglucin kuppelt mit der größten Leichtigkeit unter Bildung des krystallinischen Dis-azobenzol-Phloroglucins[2]).

$$\bigcirc\!\!-N\!\!=\!\!N\!\!-\!\!\overset{\text{OH}}{\underset{\text{HO}\quad\text{OH}}{\bigcirc}}\!\!-N\!\!=\!\!N\!\!-\!\!\bigcirc$$

Auch Hesperetin[3]), Maclurin[4])[5]), Gambir-, Aca-catechin[4])[7]) und Cyanomaclurin[8]) bilden analoge Dis-azobenzol-Verbindungen. Da Protocatechusäure unter den gleichen Bedingungen nicht kuppelt, nehmen Perkin und Mitarbeiter an, daß die Azobenzolgruppen stets in den Phloroglucin-Kern eintreten.

Bei der Acetylierung tritt nur ein Acetyl an den mit 2 Azobenzolresten gekuppelten Phloroglucinkern; dementsprechend entsteht ein Monacetyl-dis-azobenzol-phloroglucin[6]) und Triacetyl-dis-azobenzol-maclurin[6]). Dis-azobenzol-hesperetin[7]) und Dis-azobenzol-catechin[7]) bilden nur eine Mono- bzw. Tri-acetylverbindung statt der erwarteten Di- und Tetraderivate.

Dis-azobenzol-gambir-catechin[7]). Gambir-catechin wird in 100 Teilen heißer, verdünnter Kalium- oder Natriumacetatlösung gelöst und die eisgekühlte Flüssigkeit mit Diazobenzolsulfatlösung versetzt, solange ein Niederschlag entsteht. Dieser wird mit Alkohol ausgekocht, in Nitrobenzol heiß gelöst; auf Zusatz von einigen Tropfen Eisessig und $^1/_4$ Volum heißen Alkohols krystallisiert der Farbstoff aus.

---


[1]) Vgl. Anm. S. 110.

[2]) Weselsky, B. 8, 967 (1875), 9, 216 (1876); Weselsky u. Benedikt, B. 12, 226 (1879).

[3]) A. G. Perkin, Soc. 73, 1031 (1898). Die Formeln der hier genannten Stoffe sind S. 44, 113 u. 119 mitgeteilt.

[4]) Weselsky, B. 9, 216 (1876); Etti, M. 2, 547 (1882).

[5]) Bedford u. Perkin, Soc. 67, 933 (1895).

[6]) Perkin, Soc. 71, 186 (1897).

[7]) Perkin, Yoshitake, Soc. 81, 1164 (1902).

[8]) Perkin u. Cope, Soc. 67, 941 (1895).

# B. Synthetischer Teil.

Drei verschiedene Wege sind zur Nachbildung natürlicher
Gerbstoffe bis jetzt begangen worden:

1. Verfahren der Veresterung, die zu den Depsiden und den
Estern der Phenolcarbonsäuren mit mehrwertigen Alkoholen bzw.
Zuckern führen.

2. Glucosidsynthesen.

3. Kondensationen.

## 1. Estersynthesen.

**Depside** sind Esteranhydride der Phenolcarbonsäuren, in
denen das Carboxyl der einen Säure mit dem Hydroxyl der anderen
verestert ist. Depside im weiteren Sinne können auch aus Oxyzimtsäuren, Chinasäure usw. aufgebaut sein. Wenn ein Depsid
im krystallinischen Zustande schwer in kaltem, leichter in heißem
Wasser löslich ist und zugleich eine hinreichende Anzahl pheno-
lischer Hydroxyle enthält, so zeigt es Gerbstoffeigenschaften.

In Ausnahmefällen entstehen Depside durch Erhitzen der
Phenolcarbonsäuren für sich[1]) oder mit wasserentziehenden
Mitteln, z. B. Phosphortrichlorid mit tertiärem Amin[2]). Die allgemeinen Verfahren der Depsidsynthese gehen von den Carbo-
methoxy- oder Acetylderivaten der Phenolcarbonsäuren aus, die
sich in Säurechloride verwandeln lassen. Diese werden in wäßrig-
alkalischer Lösung, der zur Herstellung eines homogenen Gemisches
Aceton zugefügt wird[3]), oder in Gegenwart eines tertiären Amins
nach Einhorn - Hollandt[4]) mit dem Hydroxyl einer zweiten
Phenolcarbonsäure verestert. Durch vorsichtige Verseifung werden die Carbomethoxy- oder Acetylgruppen abgespalten und das
Depsid freigelegt.

Komplikationen treten ein, wenn die zweite Phenolcarbonsäure mehrere Hydroxyle enthält. In diesem Falle müssen alle

---

[1]) Klepl, J. pr. **28**, 193 (1883).

[2]) Böhringer u. Söhne, C. 1909, II, 319, 1285; vgl. E. Fischer
u. K. Freudenberg, A. **384**, 228 (1911), Dps. 131.

[3]) Diese Modifikation der Schotten - Baumannschen Reaktion
{E. Fischer, K. Freudenberg, A. **384**, 238 (1911), Dps. 138; E. Fischer,
K. Hoesch, A. **391**, 347 (1912), Dps. 156] hat sich in vielen Fällen be-
währt. Das Aceton muß frei von Methylalkohol sein.

[4]) A. **301**, 95 (1898).

Hydroxyle, die sich nicht an der Reaktion beteiligen sollen, abgedeckt werden. Bei den Oxysalicylsäuren dienen hierzu die Carbomethoxyderivate, da Chlorkohlensäureester in wäßrig-alkalischer Lösung im allgemeinen nur mit meta- und para-ständigen Hydroxylen reagiert und das ortho-Hydroxyl freiläßt. Andere Phenolcarbonsäuren wie Protocatechusäure und Gallus-säure lassen sich zwar auch partiell carbomethoxylieren[1]), aber es ist zweckmäßiger, sie erst zu acetylieren und durch teil-weise Verseifung ein Hydroxyl freizulegen. Die Erfahrung hat gelehrt, daß zuerst die para-ständige Acetylgruppe abgespalten wird, so daß z. B. aus der Triacetylgallussäure die 3,5-Diacetyl-verbindung entsteht.

$$\text{COOH}$$
$$\text{AcO}\diagup\!\bigcirc\!\diagdown\text{OAc}$$
$$\text{OH}$$

Ihre Verknüpfung mit Triacetylgalloylchlorid[2]) setzt deshalb auch in para-Stellung ein und es entsteht die Pentacetyl-p-Digal-lussäure. Werden jetzt aber die Acetylgruppen abgetrennt, so wandert der Galloylrest von der para- in die meta-Stellung, und das Endprodukt der Synthese ist die m-Digallussäure.

$$\text{COOH}$$
$$\begin{array}{c}\diagup\text{O}\diagdown\quad\diagdown\text{OH}\\ \text{CO}\quad\text{OH}\\ \text{HO}\diagup\!\bigcirc\!\diagdown\text{OH}\\ \text{OH}\end{array}$$

---

[1]) Im Falle der Gallussäure wurde auch vom cyclischen Kohlensäure-ester

$$\text{COOH}$$
$$\text{HO}\diagup\!\bigcirc\!\diagdown\text{O}$$
$$\text{O}\!-\!\text{CO}$$

Gebrauch gemacht. (E. Fischer u. K. Freudenberg, B. **46**, 1120 (1913), Dps. 310.

[2]) Dieses Chlorid ist unbeständig. Rosenmund u. Zetzsche, B. **51**, 596 (1918).

Fischer, Bergmann und Lipschitz haben nachgewiesen, daß es sich bei dieser Umlagerung um eine allgemeine Reaktion handelt[1]).

Die angeführten Vorschriften für die Synthese der m-Digallussäure können als Vorlage für ähnliche Zwecke dienen. Als echte Gerbstoffe haben noch die folgenden synthetischen Depside Interesse: m-Diprotocatechusäure, o-Digentisinsäure und o-Di-$\beta$-resorcylsäure [2]).

**Ester.** Die Synthesen, die zu den **Estern der Phenolcarbonsäuren mit mehrwertigen Alkoholen und Zuckern** führen, beruhen auf der **Einhorn - Hollandtschen Umsetzung**[3]). Das Chlorid der carbomethoxylierten oder acetylierten Phenolcarbonsäure bildet mit dem tertiären Amin — meistens wird Chinolin verwendet — ein Additionsprodukt[4]), das mit den alkoholischen Hydroxylen fast immer schon bei gewöhnlicher Temperatur reagiert. Zur Verdünnung kann, solange man in der Kälte arbeitet, Chloroform zugesetzt werden, das das entstehende Chinolinhydrochlorid und das Kuppelungsprodukt in Lösung hält. Die alkoholische Komponente, z. B. der Zucker, wird mit fortschreitender Reaktion in Lösung gebracht. $\beta$-Glucose löst sich schneller als $\alpha$-Glucose. Der Trocknung der Reagenzien ist bei dieser Synthese die größte Sorgfalt zu widmen[5]), da die geringste Beimengung von Wasser die Entstehung erheblicher Mengen Säureanhydrid verursacht, das schwer aus der Reaktionsmasse abzutrennen ist (bei dem hierunter angeführten Beispiele würden aus 0,1 g beigemengtem Wasser 6 g Säureanhydrid entstehen).

---

[1]) B. **51**, 45 (1918), Dps. 432.

[2]) E. Fischer u. K. Freudenberg, A. **384**, 226 (1911), Dps. 129; E. Fischer, B. **52**, 812 (1919), Dps. 43.

[3]) E. Fischer, K. Freudenberg, B. **45**, 918, 926 (1912), Dps. 267, 276. Die älteren Verfahren, z. B. Verwendung von Säurechlorid in wäßrig-alkalischer Lösung [vgl. z. B. Skraup, M. **10**, 389 (1889)] werden den Anforderungen, die die Gerbstoffchemie an die Synthese stellt, nicht gerecht.

[4]) Vgl. K. Freudenberg, D. Peters, B. **52**, 1463 (1919).

[5]) Pyridin, Chinolin und Dimethylanilin werden 24 Stunden bei 100° über Bariumoxyd aufbewahrt und im Vakuum abdestilliert; Chloroform wird mit viel Phosphorpentoxyd geschüttelt und aus dem Wasserbade abdestilliert; Aceton wird destilliert, nachdem es längere Zeit über Kaliumcarbonat gestanden hat. Es darf keinen Methylalkohol enthalten.

Penta-(pentacetyl-m-digalloyl)-$\beta$-glucose[1]): Ein Gemisch von
1,25 g scharf getrockneter und fein gepulverter $\beta$-Glucose und
20,6 g Pentacetyl-m-digalloylchlorid (5,4 Mol) werden mit 25 ccm
reinem, trockenem Chloroform und 6,5 g trockenem Chinolin bei
10—15° auf der Maschine geschüttelt. Nach 24 Stunden ist
der größte Teil gelöst und nach einem weiteren Tag der Zucker
bis auf Spuren verschwunden. Nachdem die Lösung noch weitere
2 Tage gestanden hat, wird mit Chloroform verdünnt, durch
Schütteln mit stark verdünnter Schwefelsäure das Chinolin entfernt, dann wiederholt mit Wasser gewaschen und das Chloroform
unter vermindertem Druck abdestilliert. Die zurückbleibende
farblose blättrig-spröde Masse wird 4 mal in 50 ccm warmem
Chloroform gelöst und durch Eingießen in 250 ccm stark gekühlten Methylalkohol wieder abgeschieden. Die völlig farblose,
flockige Masse wird sofort im Vakuumexsiccator und dann bei
100° und 2 mm getrocknet. Ausbeute 16,7 g oder 87% der Theorie.
Durch Abspaltung der Acetylgruppen wird daraus ein Gerbstoff
erhalten.

Nach diesem Muster läßt sich ganz allgemein die erschöpfende
Acylierung der Zucker und mehrwertigen Alkohole ausführen.
Dient Glucose als alkoholische Komponente, so gelangt man zu
verschiedenen Präparaten, je nachdem man von der $\alpha$- oder
$\beta$-Glucose ausgeht. Das Reaktionsprodukt ist aber niemals
einheitlich, sondern stets ein Gemisch, in dem je nach der verwendeten Glucose das Derivat der $\alpha$- oder $\beta$-Form überwiegt.
Nur wenn eine der beiden Formen krystallisiert, kann sie einheitlich erhalten werden.

Erfahrungen, die bei der Acylierung von Diacetondulcit gesammelt wurden[2]), weisen darauf hin, daß in einzelnen Fällen
die Acylierung nur in der Wärme vollständig wird. Der Zusatz
von Chloroform unterbleibt in diesem Falle. Eine Vorschrift
dieser Art — Einführung von p-Brombenzoyl — ist bereits
im Abschnitte „Molekulargewichtsbestimmung" mitgeteilt
worden.

Außer der Penta-m-digalloyl-glucose ($\alpha$- und $\beta$-Form) sind

---

[1]) E. Fischer, M. Bergmann, B. **51**, 1768 (1918), Dps. 356.
[2]) E. Fischer, H. Bergmann, B. **49**, 289 (1916); vgl. Abschnitt
„teilweise Acylierung".

folgende, durch erschöpfende Acylierung gewonnene Substanzen in diesem Zusammenhange aufzuführen[1]):

> Pentabenzoyl-glucose ($\alpha$ und $\beta$)[2]).
> Penta-p-oxybenzoyl-glucose ($\alpha$ und $\beta$)[3]).
> Penta-(dicarbomethoxy-dioxycinnamoyl)-glucose[4]).
> Penta-trimethylgalloyl-glucose ($\alpha$ und $\beta$)[5]).
> Penta-(Pentamethyl-m-digalloyl)-glucose ($\alpha$ und $\beta$)[2]).
> Digalloyl-äthylenglycol[6]).
> Digalloyl-trimethylenglycol[6]).
> Trigalloyl-glycerin[6]).
> Tetragalloyl-erythrit[6]).
> Tetragalloyl-methylglucosid[7]).
> Penta-galloyl-glucose ($\alpha$ und $\beta$)[3]).
> Hexagalloyl-mannit[6]).
> Penta-pyrogallol-carboyl-glucose[8]).

Eine Anzahl dieser Stoffe ist krystallisiert. Die Gallussäurederivate sind Gerbstoffe, wenn auch die Schwerlöslichkeit und Krystallisationsfähigkeit einiger die Gerbstoffeigenschaften verdecken. Das zuletzt angeführte amorphe Derivat der Pyrogallolcarbonsäure ist bemerkenswert wegen seiner geringen Löslichkeit in Wasser, durch die es sich von der Pentagalloylglucose scharf unterscheidet. Die Pyrogallolcarbonsäure selbst ist schwerer löslich als Gallussäure.

Schwieriger ist die Synthese der teilweise acylierten mehrwertigen Alkohole und Zucker, eine Körperklasse, die besondere Aufmerksamkeit verdient, denn ihr gehören verschiedene Benzoyl- und Galloylverbindungen des Naturreiches an, z. B. das Vacciniin,

---

[1]) Nach derselben Reaktion sind, zum Teil für andere Zwecke, zahlreiche weitere Substanzen hergestellt worden. Vgl. Fischer u. Freudenberg, B. **46**, 1135 (1913), Dps. 323; Fischer u. R. Oetker, B. **46**, 4029 (1913), Dps. 235; Sven Oden, C. 1918, II, 1034, C. 1919, III, 533.

[2]) E. Fischer, K. Freudenberg, B. **45**, 2720, 2725 (1912), Dps. 299, 303, 304.

[3]) E. Fischer, M. Bergmann, B. **51**, 1760 (1919), Dps. 349.

[4]) E. Fischer, R. Oetker, l. c.

[5]) E. Fischer, K. Freudenberg, B. **47**, 2499, 2501 (1914), Dps. 344, 345.

[6]) E. Fischer, M. Bergmann, B. **52**, 838 ff. (1919), Dps. 405 ff.

[7]) E. Fischer, K. Freudenberg, B. **45**, 934 (1912), Dps. 284.

[8]) E. Fischer, M. Rapaport, B. **46**, 2389 (1913), Dps. 187.

das Tetrarin und echte Gerbstoffe, wie das Hamamelitannin und wahrscheinlich die Chebulinsäure. E. Fischer und seine Mitarbeiter haben der Synthese mehrere Wege in dieses Gebiet erschlossen[1]).

In $\beta$-Tetracetylglucose läßt sich in Gegenwart von Chinolin das Chlorid der Triacetylgallussäure einführen[2]); durch Abspaltung der Acetyle entsteht die krystallisierte 1-Galloyl-$\beta$-glucose[3]), die mit dem von Gilson aus Rhabarber isolierten Glucogallin identisch ist. In entsprechender Weise wurde die amorphe 1-Galloyl-$\alpha$-glucose und die krystallisierte 1-p-Oxybenzoyl-$\beta$-glucose bereitet[4]).

Acetobromglucose läßt sich mit dem Silbersalz der Triacetylgallussäure zur Acetylverbindung des Glucogallins umsetzen[5]).

Benzobromglucose liefert mit Silbercarbonat die krystallisierte Tetrabenzoylglucose[6]).

Der allgemeinste Weg zur Darstellung der teilweise acylierten mehrwertigen Alkohole und Zucker führt über deren Acetonverbindungen, die als cyclische Acetale aufzufassen sind und durch die Einwirkung von verdünnter Salzsäure auf die Acetonlösung des Zuckers usw. entstehen. Dabei werden von jedem eintretenden Acetonmolekül 2 Hydroxyle festgelegt; aus Glycerin und Aceton entsteht die Verbindung[7]):

$$\begin{array}{c} H_2C\!-\!O \diagdown \quad \diagup CH_3 \\ | \qquad\quad C \\ HC\!-\!O \diagup \quad \diagdown CH_3 \\ | \\ H_2COH \end{array}$$

Auch für die Acetonverbindungen der komplizierteren Alkohole und Zucker haben Irvine und seine Mitarbeiter wahrscheinlich gemacht, daß das Aceton jedesmal 2 benachbarte Hydroxyle erfaßt[8]). In der entsprechenden Weise ist eine Diacetonglucose hergestellt worden, die durch vorsichtige Spaltung in die Mono-


[1]) Über die älteren Verfahren vgl. S. 66, Anm.
[2]) E. Fischer, M. Bergmann, B. **51**, 1793 (1918), Dps. 383.
[3]) Formel S. 39.
[4]) E. Fischer, M. Bergmann, B. **52**, 847 (1919), Dps. 414.
[5]) E. Fischer, M. Bergmann, B. **51**, 1791 (1918), Dps. 381.
[6]) E. Fischer, B. Helferich, A. **383**, 88 (1911).
[7]) Irvine, Macdonald u. Soutar, Soc. **107**, 337 (1915).
[8]) Irvine u. Paterson, Soc. **105**, 907 (1914).

acetonverbindung übergeführt wird[1]). In der letzteren sind 3, in ersterer 1 Hydroxyl unbesetzt. Da sich die Acetonverbindungen mit Säurechlorid und tertiärem Amin leicht acylieren lassen und das Aceton danach ohne Schwierigkeit durch Säuren abgetrennt werden kann, liegt hier ein ebenso mannigfaltiges wie allgemeines Verfahren zur Darstellung von Mono- und Tri-acyl-Hexosen vor. Auf diesem Wege wurde u. a. eine krystallisierte Monobenzoylglucose gewonnen, die sich als identisch erwies mit dem von Griebel aus Preißelbeeren dargestellten Vacciniin[2]). Eine Trigalloylglucose[3]), für welche die Mono-aceton-glucose als Ausgangsmaterial diente, zeigt alle Eigenschaften eines Gerbstoffes.

Aber auch zur Darstellung von Diacylglucosen lassen sich die Acetonverbindungen verwenden. Diaceton-glucose wird mit Essigsäureanhydrid und Pyridin acetyliert. Die entstehende Acetyl-diaceton-glucose verliert unter der schonenden Einwirkung verdünnter Schwefelsäure eine Acetongruppe; das Reaktionsprodukt, eine Acetyl-monaceton-glucose nimmt durch Vermittlung von Pyridin 2 Benzoyle auf, so daß eine Acetyl-dibenzoyl-aceton-glucose entsteht. Diese wird durch verdünnte Schwefelsäure in eine Dibenzoyl-glucose übergeführt[4]).

Aus der Reihe der nach diesen Verfahren bereiteten partiell acylierten Zucker und mehrwertigen Alkohole sind hier außer den schon angeführten zu nennen:

        Tribenzoylglucose[5]).

        Mono-p-brombenzoyl-glucose[5]).

        Tri-(trimethylgalloyl)-glucose[6]).

        Monogalloyl-fructose[7]).

        Monogalloyl-glucose[6]).

        Tri-pyrogallol-carboyl-glucose[8]).

[1]) E. Fischer, Ch. Rund, B. **49**, 88 (1916).

[2]) E. Fischer, H. Noth, B. **51**, 330 (1918); E. Fischer, M. Bergmann, B. **51**, 326 (1918); Dps. 487.

[3]) E. Fischer, M. Bergmann, B. **51**, 302 (1918), Dps. 491.

[4]) E. Fischer, H. Noth, B. **51**, 337 (1918).

[5]) E. Fischer, Ch. Rund, B. **49**, 88, (1916).

[6]) E. Fischer, M. Bergmann, B. **51**, 298 (1918), Dps. 487. Weitere Beispiele finden sich bei E. Fischer, B. **48**, 266 (1915) und E. Fischer, M. Bergmann, B. **49**, 289 (1916); Einhorn u. Hollandt, A. **301**, 95 (1898); Skraup, M. **10**, 397 (1889).

[7]) E. Fischer, H. Noth, B. **51**, 350 (1918).

[8]) A. R. Kadisadè, Diss. Berlin 1918.

Die 4 letzten Substanzen führen wieder in das Gebiet der Gerbstoffe hinein. Die Monogalloyl-fructose ist krystallisiert und gibt
zwar nicht die Leimfällung, wohl aber die Arsensäurereaktion der
Gerbstoffe. Die hier angeführte Monogalloyl-glucose ist ein
amorphes Isomeres der 1-Galloyl-glucose (Glucogallin) und des
Glucosids der Gallussäure[1]). Vielleicht ist sie eine 6-Galloyl-glucose[2])
Die oben erwähnte Trigalloylglucose ist amorph und den Tanninen
sehr ähnlich, und auch das hier angeführte Derivat der Pyrogallolcarbonsäure zeigt trotz seiner geringen Löslichkeit Gerbstoffeigenschaften.

Die Fülle der isomeren Formen ist nahezu unerschöpflich.
Allein bei der Glucose läßt die Theorie 5 Mono-, 10 Di-, 10 Tri-,
5 Tetra- und 1 Penta-Acyl-Verbindungen für die $\alpha$- und ebensoviele
für die $\beta$-Form voraussehen, also 62 Formen[3]). Diese Zahlen
müssen verdoppelt werden, wenn man die $\gamma$-Formen der Zucker
in Betracht zieht, deren Vorkommen nach den Beobachtungen
E. Fischers sowie Irvines immer wahrscheinlicher geworden
ist[4]).

Für den Verlauf dieser Synthesen ist ferner beachtenswert,
daß die Benzoylierung von Diacetondulcit mit Chinolin und
Benzoylchlorid in der Kälte zur Mono-, in der Wärme zur Dibenzoylverbindung führt. Außerdem liefert einer der Diacetondulcite mit Benzoylchlorid 2 verschiedene Dibenzoylderivate,
je nachdem Chinolin oder Pyridin gegenwärtig sind. Daraus und
aus anderen, recht verwickelten Isomerieerscheinungen geht hervor,
„wie vorsichtig man in Schlüssen auf die Struktur von Acyldérivaten, die über Acetonverbindungen mehrwertiger Alkohole gewonnen sind, sein muß"[5]).

## 2. Glucosidsynthesen.

Obschon unter den Gerbstoffen des öfteren Glucoside im engeren
Sinne vermutet worden sind, ist bis jetzt noch in keinem Falle

---

[1]) E. Fischer, H. Strauß, B. **45**, 3773 (1912).

[2]) E. Fischer, B. **52**, 818 (1919), Dps. 49.

[3]) H. Noth, Diss. Berlin 1917.

[4]) In den $\gamma$-Glucosiden ist an der inneren Halbacetalbindung das 1.
und 3., bei den gewöhnlichen Glucosiden das 1. und 4. Kohlenstoffatom
beteiligt.

[5]) E. Fischer, M. Bergmann, B. **49**, 290 (1916).

ein solches isoliert, oder der strenge Nachweis seines Vorkommens
erbracht worden. Dennoch liegt die Bedeutung der Glucoside der
mehrwertigen Phenole, der Ellagsäure, der Phenolcarbonsäuren
usw. für die Chemie der Gerbstoffe auf der Hand, und es ist nicht
zu bezweifeln, daß Glucosidsynthesen später eine wichtige Rolle
bei Arbeiten auf diesem Gebiete spielen werden. Den Anfang
hat auch hier E. Fischer gemacht, als er mit H. Strauß[1]) und
M. Bergmann[2]) die Glucoside des Resorcins, des Phloroglucins
und der Gallussäure bereitete. Der Zucker wird in Form der
Acetobromglucose angewendet. Sie wird entweder in Gegenwart
von Chinolin oder in wäßrig-alkalischer Lösung mit dem Phenol
bzw. Gallussäureester in Reaktion gebracht und das Reaktionsprodukt wie es ist oder nach vorheriger Acetylierung auf das freie
Glucosid verarbeitet. Acylierte Glucoside vom Typus des Populins
(Benzoyl-glucosid des Salicylalkohols) scheinen im Tetrarin
(S. 81) und der Chebulinsäure (S. 86) vorzuliegen.

## 3. Synthesen von Gerbstoffen kondensierten Systems.

Gerbstoffe mit zusammenhängender Kohlenstoffkette sind
bekannt im Maclurin (Protocatechoyl-Phloroglucin), in den Catechinen und in den zahlreichen übrigen Gerbstoffen, die wie
diese beiden einfachsten krystallinischen Vertreter der Gruppe
bei der Kalischmelze in Phloroglucin und eine Phenolcarbonsäure zerfallen. Die Synthese muß demnach bestrebt sein, in den
Kern des Phloroglucins organische Reste einzuführen. Nach
den gewöhnlichen Kondensationsverfahren tritt jedoch in dieses
dreiwertige Phenol gewöhnlich mehr als ein solcher Substituent
ein, und besonders die glatte Darstellung der Phloroglucinmono-
ketone war bislang ein ungelöstes Problem. Erst in den letzten
Jahren hat K. Hoesch ein für die Gerbstoffsynthese sehr aus-
sichtsreiches Verfahren gefunden, das zu den Monoketonen des
Phloroglucins führt.

Zur Ausführung der Reaktion bringt man äquimolekulare
Mengen von Phloroglucin und Säurenitril in ätherische Lösung,

---

[1]) B. **45**, 2468, 3773 (1912), Dps. 421.
[2]) B. **50**, 711 (1917); **51**, 1804 (1918), Dps. 427.

fügt im Bedarfsfalle gepulvertes Chlorzink hinzu und leitet gasförmige Salzsäure ein. Das entstehende Ketimidsalz wird entweder im gereinigten Zustande oder im Rohprodukt mit Wasser verkocht und geht dadurch in das Monoketon über. Aus Protocatechunitril und Phloroglucin wurde auf diesem Wege Maclurin gewonnen, nachdem die Reaktion an einfacheren Beispielen studiert war[1]).

---

[1]) K. Hoesch, B. **48**, 1122 (1914); K. Hoesch u. Th. v. Zarzecki, B. **50**, 462 (1917); vgl. E. Fischer, O. Nouri, B. **50**, 611, 693 (1917).

# II. Die einzelnen natürlichen Gerbstoffe und verwandten Naturstoffe.

## A. Hydrolysierbare Gerbstoffe und gerbstoffartige Verbindungen (von Ester- und Glucosidform).

### 1. Depside (Ester von Phenolcarbonsäuren mit Phenolcarbonsäuren oder anderen Oxysäuren).

**Lecanorsäure** als Beispiel der Flechtendepside. In den Flechten finden sich zahlreiche Phenolcarbonsäuren als „Depside" in esterartiger Verkettung vor. Unter ihnen ist am besten bekannt die von der Orsellinsäure

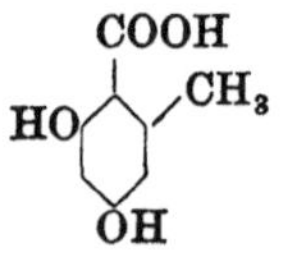

$$\text{COOH} \quad \text{CH}_3 \quad \text{HO} \quad \text{OH}$$

sich ableitende Lecanorsäure[1])

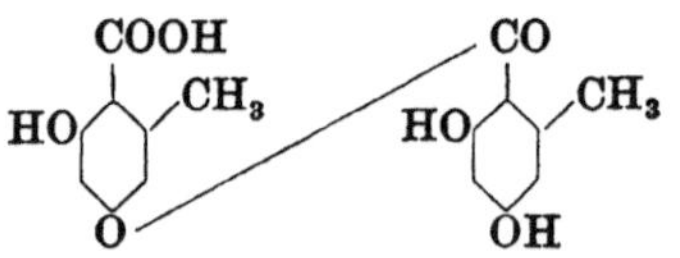

$$\text{COOH} \quad \text{CH}_3 \quad \text{HO} \quad \text{O} \quad \text{CO} \quad \text{CH}_3 \quad \text{HO} \quad \text{OH}$$

Diese Depside sind zwar in die gleiche Klasse von Naturstoffen zu zählen wie die Gerbstoffe; da ihnen aber deren übliche Merkmale, wie Leimfällung und kolloidale Löslichkeit in Wasser

---

[1]) Synthese: E. Fischer, H. O. L. Fischer, B. **46**, 1143 (1913). Dps. 181. Vgl. S. 79.

abgehen und sie nach Vorkommen und Bau eine Untergruppe für sich bilden, wird hier nicht näher auf sie eingegangen. Die chemische Analogie der Lecanorsäure mit den Gerbstoffen drückt sich auch darin aus, daß sie mit Erythrit verestert vorkommt (als Mono-lecanorsäureester, Erythrin), ähnlich wie im chinesischen Tannin die Digallussäure mit Glucose verbunden ist.

**Chlorogensäure** (3,4-Dioxy-cinnamoyl-Chinasäure)

$$C_{16}H_{18}O_9 + \tfrac{1}{2}H_2O.$$

$$\underset{HO}{\overset{HO}{\diagdown}}\!\!\bigcirc\!\!-\overset{H}{C}=\overset{H}{C}-\overset{O}{C}\cdot O \cdot C_6H_7(OH)_3 \cdot COOH$$

Die Säure findet sich in den Kaffeebohnen vor als Monokaliumsalz, das mit einem Mol Coffein verbunden ist[1]), und wird in dieser Form isoliert[2]). Grüner Kaffee wird zur Zerstörung der Fermente einige Stunden auf 100° erhitzt; dies geschieht zweckmäßig im Vakuum, weil er sich entwässert leicht zerkleinern läßt. Die gemahlenen Bohnen werden mit kaltem, zur Sterilisation mit etwas Chloroform versetztem Wasser perkoliert. Die Auszüge werden unter vermindertem Druck auf 20 ccm eingeengt, die Lösung nach 12 Stunden filtriert und im Vakuum zum sehr dicken Sirup eingedampft, der erst in der Wärme, dann bei Zimmertemperatur mit so viel Alkohol versetzt wird, daß die Lösung bei 0° eben noch klar bleibt. Nach 2 tägiger Aufbewahrung im Eisschrank wird abgesaugt, scharf ausgepreßt, 2 mal aus 50 proz. Alkohol und 3 mal aus möglichst wenig Wasser umkrystallisiert; bei der ersten Krystallisation aus Wasser empfiehlt sich die Zuhilfenahme von Tierkohle. Die Ausbeute beträgt bis zu 3%. Zur Entfernung des Coffeins wird die Lösung des Salzes in 2—3 Teilen Wasser in der Wärme 8 mal mit dem doppelten Volumen Chloroform ausgeschüttelt, wenn nötig filtriert, und mit der berechneten Menge 5 n-Schwefelsäure versetzt. Die Chlorogensäure krystallisiert auf Eis in 24 Stunden aus und wird mehrmals aus möglichst wenig Wasser umkrystallisiert, wobei einmal Tierkohle verwendet wird. Ausbeute 1—2% der Kaffeebohnen.

Chlorogensäure ist optisch aktiv; $[\alpha]_D$ in 1—3 proz. wäßriger Lösung $= -33{,}1°$. Leim wird in verdünnter Lösung nicht gefällt, wohl aber in Gegenwart von Kochsalz oder in konzen-

---

[1]) Payen, A. ch. (3) **26**, 108 (1849).
[2]) K. Freudenberg, B. **53**, 232 (1920).

trierter Lösung. Salzsaures Chinin wird gefällt[1]). Die Säure löst sich schwer in kaltem, leicht in heißem Wasser. Verdünnte Säuren oder Mineralsalze setzen die Löslichkeit stark herab. Nicht ganz reine, konzentrierte Lösungen der Säure gelatinieren leicht. Eisenchlorid erzeugt eine grüne Färbung. Chlorogensäure löst sich in Aceton, Alkohol und Essigäther; Äther nimmt sie schwer auf. Bromwasser wird entfärbt. Chlorogensäure ist eine starke Säure. Penicillium- und Mucorarten[2]) sowie Tannase[3]) zerlegen sie in Chinasäure und die schwer lösliche Kaffeesäure. Beim Kochen mit verdünnten Mineralsäuren und Oxalsäure entstehen Chinasäure, Kaffeesäure und deren Zersetzungsprodukte, worunter viel Kohlensäure[4]). Zur alkalischen Hydrolyse hat Gorter 7,5 g in 40 g 13 proz. Kalilauge eingetragen; dabei erwärmte sich die Lösung. Sie blieb noch eine Viertelstunde stehen und wurde mit 46 g 10 proz. Schwefelsäure versetzt. Jetzt krystallisierte Kaffeesäure aus; in der Mutterlauge wurde Chinasäure nachgewiesen. Die Acetylierung (die Vorschrift ist im Abschnitt „Acetylierung" mitgeteilt) führt zur Pentacetylchlorogensäure. In heißer alkoholischer Lösung spaltet Anilin oder Kaliumacetat die beiden am Kaffeesäurerest haftenden Acetyle ab. Die Pentacetylverbindung addiert ein Mol $Br_2$. Chlororogensäure nimmt mit Natriumamalgam 2 Atome Wasserstoff auf, die entstandene Dihydrochlorogensäure wird durch Alkalien und Säuren (ohne $CO_2$-Entwicklung) glatt in Chinasäure und Dihydrokaffeesäure gespalten (Gorter).

Der sogenannte Kaffeegerbstoff, zuletzt von Griebel erwähnt, muß als ein Gemisch von Chlorogensäure mit anderen Säuren und ihren Zersetzungsprodukten angesehen und aus der Literatur gestrichen werden[5]). In den grünen Kaffeebohnen ist keine leimfällende Substanz enthalten[6]). Das Methoxyl, das Griebel[7])

---

[1]) Gorter, Ann. Jard. Bot. Buitenzorg (2) **8**, 69 (1909).

[2]) Gorter, Ar. **247**, 184 (1909).

[3]) K. Freudenberg, B. **53**, 232 (1920).

[4]) Gorter, A. **358**, 327 (1908); **359**, 217 (1908); Ar. **247**, 184, 436 (1909); A. **379**, 110 (1911); Bull. Depart. Agric. Indes Néerland. Nr. **14** (1907) u. **33** (1910); Ann. Jard. Bot. Buitenzorg (2) **8**, 69 (1909); K. Freudenberg, l. c.

[5]) Kaffeesäure neigt in hohem Maße zur Bildung phlobaphenartiger Zersetzungsprodukte.

[6]) Dkk. 474; vgl. Gorter, l. c.; Freudenberg l. c.

[7]) Diss. München 1903.

vorfindet, kann von der Beimengung oder Einwirkung der von ihm verwendeten Alkohole herrühren.

Hlasiwetz[1]) hat in seinem „Kaffeegerbstoff" Zucker festgestellt; aus seinen Angaben läßt sich jetzt herauslesen, daß er zur Hauptsache chinasaures Kalium in Händen gehabt hat. Außer im Kaffee kommt Chlorogensäure vor in Kopsia flavida, in den Samen von Helianthus annuus und Strychnos Nux vomica, sowie im Milchsaft von Castilloa elastica[2]). Beachtenswert ist, daß in Chinarinden Kaffeesäure und Chinasäure enthalten sind[3]).

Kaffeesäure ist in der Natur beispiellos verbreitet. Inwieweit Chlorogensäure der Träger der bei Pflanzenanalysen sich vorfindenden Kaffeesäure ist, läßt sich vorläufig nicht sagen[4]); bisher ist nur in dem von Tutin entdeckten Eriodictyol ein weiterer Kaffeesäurebildner bekannt geworden[5]).

**m-Digallussäure.** Die Säure ist zwar in der Natur noch nicht frei vorgefunden worden, aber sie wird mit Glucose verestert im chinesischen Tannin angenommen; die Synthese wurde als Beispiel einer Depsidsynthese bereits skizziert[6]). Durch Methylierung mit Diazomethan entsteht der Pentamethyl-m-Digallussäuremethylester, dessen Konstitution auf einem anderen Wege festgestellt worden ist[7]); damit ist auch die Konstitution des Didepsids selbst klargelegt.

Die Säure krystallisiert mit Krystallwasser. Sie zeigt alle Fällungsreaktionen der Gerbstoffe. Mit der ebenfalls synthetisch bereiteten m-Diprotocatechusäure[8]) hat sie die Eigentümlichkeit gemeinsam, in Berührung mit Wasser in der Hitze leichter zu krystallisieren als in der Kälte. Auf Zimmertemperatur unterkühlte Lösungen neigen zur Gallertebildung. Unreine Präparate bilden in Wasser übersättigte Lösungen. In reinem Zustande

---

[1]) A. **142**, 219 (1867).

[2]) Gorter, Ar., l. c.

[3]) Vgl. Chinagerbstoff, S. 142.

[4]) Freudenberg, l. c.

[5]) Soc. **97**, 2054 (1910). Formel S. 113.

[6]) S. 65.

[7]) F. Mauthner, J. pr. (2), **85**, 310 (1912); E. Fischer, K. Freudenberg, B. **45**, 2720 (1912), Dps. 298; B. **46**, 1127 (1913), Dps. 317; E. Fischer, B. **46**, 3280 (1913), Dps. 30.

[8]) E. Fischer, K. Freudenberg, A. **384**, 238 (1911), Dps. 138; E. Fischer, B. **52**, 812 (1919), Dps. 43.

löst sich die Säure bei 25° etwa in 1900, bei 100° in 50—60 Teilen Wasser[1]). Die Löslichkeit ist also gegen Gallussäure stark herabgemindert. In Essigäther und Äther löst sie sich schwer.

Die isomere p-Digallussäure ist nicht bekannt.

## 2. Tanninklasse (Ester aromatischer Säuren mit mehrwertigen Alkoholen oder Zuckern).

**Vacciniin, Dibenzoyl-glucoxylosen, Populin, Benzoylhelicin, Delphinin, Erythrin.** Die hier genannten Naturstoffe stehen am Eingange in das Gebiet der Gerbstoffe vom Tannintyp. Das Vacciniin ist eine amorphe Monobenzoylglucose, die Griebel[2]) aus Preißelbeeren isoliert hat. E. Fischer und H. Noth[3]) haben dieselbe Substanz, aber krystallisiert, synthetisch über die Diacetonglucose gewonnen und ihre Identität mit Griebels Präparat, dem vielleicht noch Isomere beigemengt sind, nachgewiesen. Eine Dibenzoylglucoxylose haben Power und Salway[4]) aus einer Leguminose durch Extraktion mit Amylalkohol isoliert; in den Mutterlaugen hat Tutin[5]) eine zweite, der ersten isomere Dibenzoyl-glucoxylose gefunden. Populin ist das im Zuckerrest monobenzoylierte Glucosid des Salicylalkohols, das in verschiedenen Pappeln vorkommt. Daß die Benzoesäure mit einem Hydroxyl des Zuckers verestert ist, wird aus der Tatsache geschlossen, daß sich das Populin zu Benzoylhelicin, dem Benzoylglucosid des Salicylaldehyds, oxydieren läßt[6]). Ein solches Benzoylhelicin glaubt Johanson[7]) in Weidenrinden aufgefunden zu haben. Auch das Delphinin, das Anthocyan des Rittersporns, ist hier zu erwähnen. Es ist ein Delphinidin-Diglucosid, an dem 2 Moleküle p-Oxybenzoesäure haften — wie es scheint, in Esterbindung an den Hydroxylen

---

[1]) E. Fischer, M. Bergmann, W. Lipschitz, B. **51**, 62 (1918), Dps. 449.

[2]) Zschr. f. Unters. d. Nahr. u. Genußmitt. **19**, 241 (1910).

[3]) B. **51**, 321 (1918).

[4]) Soc. **105**, 767, 1062 (1914).

[5]) Soc. **107**, 7 (1915).

[6]) Piria, Nuovo Cimento **1**, 198 (1855); A. **96**, 379 (1855); vgl. S. 42.

[7]) Diss. Dorpat 1875; Ar. **209**, 244 (1876).

des Zuckers[1]). Schließlich gehört in diese Reihe das schon erwähnte **Erythrin**, das neben freier Lecanorsäure in gewissen Flechten vorkommt und der Mono-lecanorsäureester des Erythrits sein soll[2]).

Den angeführten Vorläufern der Galläpfeltannine folgt die von Gilson[3]) entdeckte **1 - Galloyl - $\beta$ - glucose**, von ihm **Glucogallin** genannt, ferner das von ihm im gleichen Pflanzenmaterial, dem chinesischen Rhabarber, entdeckte Zimt- und Gallussäure enthaltende **Tetrarin**. Die Auffindung und Isolierung dieser Stoffe ist für die Gerbstoffchemie so lehrreich, daß die Verfahren hier wiedergegeben werden sollen.

Nachdem Gilson festgestellt hatte, daß im Rhabarberextrakt gebundene Zimtsäure vorhanden ist, fraktionierte er das Material nach verschiedenen Fällungsverfahren und bestimmte in jeder Probe die Menge der abspaltbaren Zimtsäure. Auf diese Weise fand sich ein Weg, der zur Anreicherung der zimtsäurehaltigen Substanz und zur schließlichen Krystallisation des Tetrarins führte. Auf gebundene, durch verdünnte Säuren leicht abspaltbare Gallussäure angewendet, führte das gleiche Verfahren zur Isolierung der krystallisierten 1-Galloyl-$\beta$-glucose. Einmal aufgefunden und in ihren Eigenschaften erkundet, ließen sich die beiden Naturstoffe folgendermaßen darstellen:

Rhabarber wird mit kaltem Aceton erschöpft und die Lösung eingedampft, bis sie eine Dichte von 1.000 hat. Unter starkem Schütteln wird in kleinen Portionen das halbe Volum eines hälftigen Gemisches von Aceton und Äther zugesetzt, dann Äther allein (etwa 1 Vol.), bis der anfangs voluminöse Niederschlag sich klebrig absetzt. Derselbe enthält hauptsächlich Glucoside von Methyl-oxy-anthrachinonen. Die abgegossene Lösung wird stark eingeengt und durch Zusatz von Aceton wieder auf das spez. Gewicht 1.000 gebracht. Zu dieser Lösung wird vorsichtig ein Volum eines Gemisches von einem Teil Aceton und zwei Teilen Benzol gegeben, dann ein Volum reines Benzol. Der ölige Niederschlag enthält Glucogallin, das durch Lösen in Aceton und Fällung mit Benzol zur Krystallisation gebracht wird.

---

[1]) Willstätter u. Mieg, A. **408**, 61 (1915).
[2]) O. Hesse, vgl. Beilstein, 3. Aufl. II, 1752 (1032); vgl. S. 75.
[3]) Bull. Acad. med. Belg. (4), **16**, 827 (1902).

Das abgegossene Gemisch von Aceton und Benzol wird eingedampft, bis das Aceton und der größte Teil des Benzols entfernt ist. Dabei fällt ein Niederschlag, der nach dem Erkalten von der Benzollösung, die Methyl-anthrachinon-derivate enthält, abgetrennt wird. Dem Niederschlage entzieht heißes Wasser ein krystallisierendes Catechin (s. d.). Der in Wasser unlösliche Teil des Niederschlags enthält das Tetrarin. Er wird in Aceton gelöst, die Lösung mit Äther versetzt und der sich abscheidende Niederschlag entfernt. Die Äther-Acetonlösung wird abdestilliert, der Rückstand in Aceton gelöst und vorsichtig mit Benzol versetzt, bis wieder ein Teil niedergeschlagen ist. Weitere Fraktionen werden dadurch gewonnen, daß das Aceton stufenweise aus dem Gemisch herausdestilliert wird. Die Niederschläge werden mit Essigäther angerührt, die krystallisierenden Anteile des Tetrarins gesammelt und die ölig ausfallenden erneut der Fraktionierung unterworfen.

Die Synthese des Glucogallins (1-Galloyl-$\beta$-glucose, Formel S. 39) wurde von E. Fischer und M. Bergmann[1]) auf zwei verschiedenen Wegen ausgeführt. Aus dem Aufbauverfahren geht hervor, daß der Gallussäurerest mit dem Hydroxyl der Aldehydgruppe der Glucose verestert ist. Die 1-Galloyl-$\beta$-glucose kann deshalb auch als ein Glucosid betrachtet werden, das aber insofern eine Ausnahmestellung einnimmt, als das Hydroxyl der Aldehydgruppe nicht, wie in den echten Glucosiden, mit einem alkoholischen Hydroxyl, sondern mit dem einer Carboxylgruppe verbunden ist. Der Glucosidcharakter zeigt sich an der leichten Hydrolysierbarkeit durch verdünnte Säuren. Auch die Spaltbarkeit durch Emulsin kann hierfür herangezogen werden und gleichzeitig die Annahme stützen, daß ein Derivat der $\beta$-Glucose vorliegt. Dies wird auch durch die Linksdrehung und die Entstehung aus Acetobromglucose wahrscheinlich gemacht. An der Luft wird die Galloylglucose durch Alkalien verändert, was nicht zu verwundern ist, da alle 3 Phenolhydroxyle der Gallussäure frei sind. Wie schnell Alkalien Zerlegung bewirken, bleibt noch zu untersuchen. Aus der Synthese geht hervor, daß die Bindung zwischen Zucker und Gallussäure 6stündige Einwirkung von gesättigter alkoholischer Ammoniaklösung aushält. Vielleicht bewirkt wäßriges Cyankali eine langsame Abspaltung der Gallussäure; so erklären

---

[1]) B. **51**, 1760 (1918), Dps. 349, vgl. S. 69.

sich E. Fischer und M. Bergmann die schwache Rotfärbung der Galloylglucose mit diesem Reagens.

Zur Bestimmung der in der Galloylglucose enthaltenen Gallussäure kochte Gilson 2 g in 60 ccm 2,5 proz. Schwefelsäure während 10 Minuten. Die Lösung wurde danach mehrere Male mit Äther ausgeschüttelt und der Ätherrückstand als Gallussäure gewogen. Auf Glucose wurde geprüft, indem eine ebenso hydrolysierte Probe in der Hitze mit frisch gefälltem Bleicarbonat in kleinen Portionen versetzt und nach Aufhören der Kohlensäureentwicklung noch einige Zeit erhitzt wurde, bis die Flüssigkeit neutral reagierte. Nach dem Erkalten wurde mit dem gleichen Volum 92 proz. Alkohol versetzt, am anderen Tage filtriert und, wenn nötig, mit Schwefelwasserstoff entbleit. Die in der Lösung befindliche Glucose und die zuvor bestimmte Gallussäure entsprachen den berechneten Mengen.

In 3—4 proz. wäßriger Lösung erhielt Gilson nach dem Gefrierverfahren normale Molekulargewichtswerte. Die Drehung beträgt in etwa 2 proz. Lösung $[\alpha]_D = -24,1$ bis $-25,6°$ (Fischer, Bergmann).

Die 1-Galloylglucose löst sich selbst in der Wärme ziemlich schwer in Methylalkohol, recht schwer in Alkohol, Aceton, Essigäther und so gut wie gar nicht in Äther. Das beste Krystallisationsmittel ist 80 proz. Alkohol. Wäßrige Lösungen von neutralem und basischem Bleiacetat, sowie von Brechweinstein erzeugen amorphe Niederschläge. Mit Eisenchlorid entsteht eine tiefblaue Färbung; Gelatine gibt auch in ziemlich konzentrierter Lösung keine Fällung. Mit Phenylhydrazin wird rasch Glucosazon erhalten. Die Acidität ist, der Abwesenheit der Carboxylgruppe entsprechend, gering; 1 g reagiert in wäßriger Lösung bereits nach Zugabe von 1—1,5 ccm $^n/_{10}$-Natronlauge neutral.

Das Tetrarin, der zweite von Gilson aus Rhabarber isolierte Abkömmling der Glucose und Gallussäure, löst sich leicht in 80 proz. Alkohol, in Methylalkohol und Aceton, weniger in absolutem Alkohol und Essigester. Es ist unlöslich in Wasser, Äther, Chloroform und Benzol, löslich in Ätzalkalien und Ammoniak. Die Hydrolyse wird wegen der geringen Löslichkeit des Tetrarins am besten in verdünntem Methylalkohol ausgeführt.

5 g werden in 100 ccm Methylalkohol gelöst, mit 150 ccm 10-proz. Schwefelsäure versetzt und 3 Stunden gekocht. Ohne Methyl-

alkohol muß bis zur völligen Lösung 15 Stunden gekocht werden. Der Methylalkohol wird abdestilliert und die zurückbleibende wäßrige Lösung mit Äther erschöpft. Das methylalkoholische Destillat enthält etwas Zimtsäure, es wird deshalb mit Alkali neutralisiert, eingedampft, angesäuert, ausgeäthert und der Äther dem ersten Ätherauszug zugesetzt. In der wäßrigen Lösung wird die Glucose wie bei der Galloylglucose bestimmt. Der Ätherauszug wird eingedampft und der Rückstand mit Benzol ausgekocht. Gallussäure bleibt ungelöst. Nach Entfernung des Benzols wird das darin Gelöste mit wäßrigem Alkohol aufgenommen und mit überschüssigem Bariumcarbonat eingedampft. Aus dem Rückstande löst Äther Rheosmin, während zimtsaures Barium zurückbleibt.

Rheosmin ($C_{10}H_{12}O_2$) ist in Wasser sehr schwer, in Alkohol und Aceton aber leicht löslich. Es krystallisiert aus Benzol. Von Ätzalkalien wird es gelöst und durch Einleiten von Kohlensäure wieder ausgefällt. Es schmilzt bei 79,5°. Rheosmin reduziert ammoniakalische Silberlösung und färbt, wenn auch nicht gerade stark, fuchsinschweflige Säure. Es bildet eine Verbindung mit Natriumbisulfit und gibt mit Hydroxylamin ein Oxim $C_{10}H_{13}NO_2$. Millons Reagens auf Phenolhydroxyl wird gefärbt. Es ist also ein Phenolaldehyd. Obwohl sich Gilson nicht näher über die Formel des Rheosmins ausspricht, sei doch darauf hingewiesen, daß die von ihm aufgestellte Formel auf einen Oxy-cumin-aldehyd passen würde. Ein von Gattermann[1]) synthetisch gewonnener Oxy-pseudocumyl-aldehyd

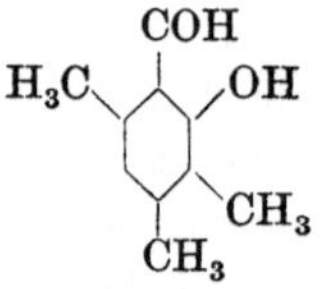

$$\begin{array}{c}\text{COH}\\ \text{H}_3\text{C}\diagdown\ \diagup\text{OH}\\ |\quad\quad|\\ \diagup\ \diagdown\text{CH}_3\\ \text{CH}_3\end{array}$$

schmilzt bei 78—79°.

Unsere Kenntnis von der Konstitution des Tetrarins wird durch folgende Gleichung ausgedrückt:

$$C_{32}H_{32}O_{12} + 3\,H_2O = C_6H_{12}O_6 + C_7H_6O_5 + C_9H_8O_2 + C_{10}H_{12}O_2$$

| Tetrarin | + | $3\,H_2O$ | = | 1 Glucose | + | 1 Gallus-säure | + | 1 Zimt-säure | + | 1 Rheosmin |

Die Elementarzusammensetzung des Tetrarins und das in Eisessig nach dem Gefrierverfahren bestimmte Molekulargewicht, und

---

[1]) A. **347**, 347 (1906).

schließlich die Mengenverhältnisse der Spaltstücke passen sehr gut zu dieser Auffassung.

Neben den krystallisierten Produkten enthält der Rhabarber noch gefärbte, amorphe Substanzen von Gerbstoffcharakter, die mit Säuren Rot liefern[1]), wie dies bei der Gegenwart von Catechin nicht anders zu erwarten ist.

**Hamamelitannin.** Die Rinde des nordamerikanischen Strauches Hamamelis virginica enthält neben braunen, nicht krystallisierbaren Gerbstoffen etwa 1—2% krystallisiertes Hamamelitannin, das Grüttner[2]) entdeckt hat und das nach Freudenberg und Peters folgendermaßen dargestellt wird[3]):

2 kg fein gemahlene Rinde werden im Perkolator mit Wasser kalt erschöpft, das zur Verhinderung der Schimmelbildung mit etwas Chloroform oder Toluol durchgeschüttelt ist. Der Auszug wird im Vakuum zum dicken Sirup (150 ccm) eingeengt. Unter kräftigem Schütteln wird mit 300 ccm Aceton in kleinen Portionen versetzt und die Acetonlösung, die die Hauptmenge des krystallisierten Gerbstoffes enthält, vom zähen Rückstande abgegossen. Dieser wird in der gleichen Weise noch 2 mal mit je 100 ccm Aceton ausgelaugt. Die Acetonlösungen werden vereinigt und vorsichtig mit dem doppelten Volumen Äther versetzt. Die Ätheracetonlösung wird durch ein trockenes Filter dekantiert und der ausgeschiedene Sirup zunächst mit 150, dann 2 mal mit je 100 ccm Aceton ausgeschüttelt. Diese zweite Acetonlösung wird wie die erste mit dem doppelten Volum Äther gefällt. Die filtrierte Ätheracetonlösung wird mit der ersten vereinigt. Die organischen Lösungsmittel werden abdestilliert, zuletzt im Vakuum und nach Zugabe von Wasser; der dicke Sirup wird mit einigen Kubikzentimetern einer konzentrierten Natriumcarbonatlösung versetzt, bis ein in Wasser gelöster Tropfen auf Lackmus nur noch schwach sauer reagiert. Jetzt wird mit säurefreiem Essigäther ausgeschüttelt, und zwar zuerst mit 75 ccm, dann noch 5 mal mit 25 ccm. Wenn sich der Essigäther schlecht absetzt, wird Kochsalz zugegeben. Der Essigäther wird durch ein trockenes Filter gegossen und im Vakuum verjagt, zuletzt unter Zusatz von etwas Wasser.

---

[1]) Gilson, l. c. S. 871; Tschirch, Heuberger, Ar. 240, 596 (1902).

[2]) Ar. **236**, 278 (1908).

[3]) K. Freudenberg, B. **52**, 177 (1919), Dps. 516. Freudenberg u. Peters, B. **53**, 953 (1920).

Der dicke, dunkle Sirup wird geimpft, mit einem Tropfen Chloroform durchgeschüttelt und in den Eisschrank gestellt. Nach 10 Tagen, manchmal auch früher, ist die Krystallisation beendet. Der Gerbstoff wird abgesaugt und ausgepreßt, mit wenig Wasser angerührt, wieder abgesaugt und gepreßt und in heißem Wasser gelöst. Die von Fett getrübte Lösung wird auf 150 ccm verdünnt und kalt durch ein Talkpolster gesaugt. Aus dem Filtrat krystallisiert das Hamamelitannin in schneeweißen, haarfeinen Nadeln aus. Die Mutterlaugen werden zum Sirup eingeengt, nach Zugabe von Kochsalz mit Essigäther ausgezogen und wie oben verarbeitet. Ausbeute 6—16 g.

Der Gerbstoff ($C_{20}H_{20}O_{14}$?) enthält lufttrocken 6 Krystallwasser. Die spezifische Drehung beträgt in 1 proz. wäßriger Lösung etwa $[\alpha]_D = +35°$. In stärkerer Lösung ist die Drehung ähnlich wie beim chinesischen Tannin niedriger als dieser Grenzwert. Der Gerbstoff löst sich leicht in heißem Wasser, schwer in kaltem (weniger als 1%). In unreinem Zustande gelatiniert die wäßrige Lösung häufig. Sie fällt Leim, aber nicht so stark wie die Galläpfeltannine, und der Niederschlag löst sich nicht schwer in der Wärme. Alle übrigen Gerbstoffreaktionen fallen positiv aus. In Alkohol, Aceton und Essigäther löst sich der Gerbstoff leicht, in Äther dagegen kaum.

Die Acidität, durch Titration bestimmt, gleicht der des Pyrogallols. Demnach ist kein freies Carboxyl vorhanden. Damit stimmt auch das Ergebnis der Untersuchung des methylierten Gerbstoffes überein. Mit Diazomethan entsteht ein amorphes Methylderivat, das bei der alkalischen Hydrolyse nur Trimethylgallussäure gibt. Die Gallussäurereste sind demnach jeder für sich mit einem Hydroxyl des Zuckers verestert.

Der Gerbstoff zerfällt unter der Einwirkung heißer verdünnter Schwefelsäure (vgl. Hydrolyse des chinesischen Tannins) in Gallussäure und Zucker (ungefähr 70 und 30%). Die Hydrolyse ist in etwa der halben Zeit wie beim chinesischen Tannin beendet, weil weniger Gallussäuregruppen abzuspalten sind.

**Abbau des Hamamelitannins mit Tannase.** 10 g des wasserfreien Gerbstoffes werden in 2 l Wasser gelöst und mit Tannase, die aus 5 g Aspergillusmycel stammt[1]), versetzt. Die Flüssigkeit

---

[1]) Vgl. S. 49.

wird mit Toluol überschichtet und im Brutschrank aufbewahrt, bis nach einigen Tagen der Säuregehalt der Lösung, der von Zeit zu Zeit durch Titration bestimmt wird, konstant bleibt und eine Probe, die 100 mg Gerbstoff enthält, etwa 4 ccm $^n/_{10}$-Lauge verbraucht. Die Lösung wird unter vermindertem Druck auf 20—30 ccm eingeengt, die fast farblos sich abscheidende Gallussäure abgesaugt und mit kaltem Wasser gewaschen. Das Filtrat wird abermals im Vakuum eingeengt, mit Essigäther ausgeschüttelt, der Essigäther unter vermindertem Druck, zuletzt nach Zugabe von Wasser, völlig verjagt und die erneut abgeschiedene Gallussäure abgesaugt. Dem wäßrigen Filtrat läßt sich nach der Konzentration eine letzte Fraktion Gallussäure entziehen, die aus sehr wenig Wasser umkrystallisiert wird.

Die vereinigten Filtrate werden unter vermindertem Druck vom organischen Lösungsmittel befreit, auf 1 l verdünnt, erneut mit Tannase behandelt (halb soviel wie das erstemal) und in der gleichen Weise von der Gallussäure befreit. Schließlich wird die Lösung auf 50 ccm gebracht und in der Kälte mit so viel „gewachsener Tonerde"[1]) geschüttelt, bis das klare Filtrat keine Reaktion mit Ferrisalz mehr gibt. Jetzt wird unter vermindertem Druck zum Sirup eingeengt, mit kaltem Alkohol aufgenommen, von der Tannase abfiltriert und im Vakuum eingedampft, zuletzt unter Zugabe von etwas Wasser.

Vom Zucker wird ein aliquoter Teil im Vakuum bei 100° getrocknet und daraus das Gesamtgewicht des Zuckers bestimmt. Gallussäure krystallisiert unter den gegebenen Verhältnissen mit einem Mol Krystallwasser. Erhalten werden 34% Zucker und 66% Gallussäure (auf wasserfreie Säure umgerechnet).

Der Zucker ist ein Sirup, der nach links dreht und Fehlingsche Lösung stark reduziert. Er reagiert bei der Titration mit Hypojodid nach Willstätter und Schudel[2]) als Aldohexose. Damit stimmt überein, daß er fuchsinschweflige Säure[3]) nicht färbt und Seliwanows Ketosenreaktion nicht gibt. Auch Furfurol, Lävulinsäure, Schleim- und Zuckersäure wurden nicht erhalten.

Aus dem Ergebnis des fermentativen Abbaus, aus der Elementarzusammensetzung des Gerbstoffes und aus der Unter-

---

[1]) Vgl. S. 27 u. 37.
[2]) B. **51**, 780 (1918).
[3]) Darstellung: E. Fischer, B. **47**, 201 (1914).

suchung des Zuckers kann geschlossen werden, daß im Hamamelitannin die Digalloylverbindung einer neuen Hexose oder eines ähnlichen Zuckers vorliegt.

**Chebulinsäure.** Im Gerbstoffgemisch der Myrobalanen, der Früchte von Terminalia Chebula, befindet sich neben einer amorphen Ellagengerbsäure ein Gerbstoff der Tanninklasse, die krystallisierte Chebulinsäure, deren Auffindung Fridolin in seiner sehr beachtenswerten Gerbstoffuntersuchung beschreibt[1]).

Nach Paessler und Hoffmann werden 120 g feingemahlene, entkernte Myrobalanen in mehreren Teilen in der Kochschen Auslaugevorrichtung[2]) mit kaltem Wasser zu insgesamt 8 l ausgelaugt und sofort durch Berkefeldfilterkerzen[3]) filtriert. Die Krystallisation beginnt schon nach wenigen Stunden. Die Lösung bleibt 5—6 Tage vor Keimen geschützt stehen, die Ausscheidung wird mit kaltem Wasser gewaschen und mit 60proz. Alkohol bei 50—60° ausgelaugt. Das Filtrat wird unter vermindertem Druck eingedampft, in Wasser gegossen und die abgeschiedene Säure mehrmals vorsichtig aus Wasser umkrystallisiert. Die Ausbeute beträgt bis zu 4%.

Der Gerbstoff ist sehr schwer in kaltem Wasser löslich; in heißem löst er sich spielend. Beim Erkalten scheidet er sich erst milchig ab und krystallisiert sofort. Alkohol, Aceton und Essigäther lösen leicht, Eisessig und Äther dagegen kaum. Die Drehung beträgt in 1—2proz. Lösung in Alkohol $= + 59$ bis $67°$ (Thoms, Richter, Paessler, Hoffmann). Die Elementarzusammensetzung steht ungefähr im Verhältnis der Formel $C_{28}H_{24}O_{19}$ (C 50,7, H 3,5). Die Krystalle sind wasserhaltig und

[1]) Diss. Dorpat 1884, S. 15, 64. Sitzungsber. Dorp. Naturf. Ges. **7**, 131 (1884). Außerdem ist die Säure untersucht worden von Adolphi, Ar. **230**, 684 (1892), Thoms, C. 1906 I, 1829; Arb. a. d. Pharm. Inst. Berlin **9**, 78 (1912); **10**, 79 (1913); Richter, ebenda **9**, 85 (1912); Diss. Erlangen 1911; Paessler u. Hoffmann, Lederindustrie (Ledertechn. Rundsch.) 1913, 129; E. Fischer, M. Bergmann, B. **51**, 314 (1918), Dps. 503; Freudenberg, B. **52**, 1238 (1919). Angaben, die über die letztgenannte Mitteilung hinausgehen, sind einer noch unveröffentlichten Experimentaluntersuchung mit Herrn Br. Fick entnommen.

[2]) Dingler **267**, 513 (1888); Procter - Paessler, Leitfaden f. gerbereichem. Untersuchung. 105 (Berlin 1901); J. Paessler, D. Verfahr. z. Unters. d. pflanzl. Gerbemittel, Deutsche Gerberschule, Freiberg 1912, S. 7.

[3]) Nebst anderen Filtriervorrichtungen für Gerblösungen erhältlich bei Arthur Meißner, Freiberg in Sachsen.

schmecken süß. Chebulinsäure gibt alle Gerbstoffreaktionen. Wäßriges vanadinsaures Ammonium bewirkt eine olivgrüne Farbe. Wird diese Lösung mit wenig Schwefelsäure erwärmt, so entsteht eine beständige grasgrüne Färbung (Paessler, Hoffmann).

Der mit Alkali neutralisierten wäßrigen Lösung wird die Chebulinsäure durch Essigäther nicht entzogen. Da sie außerdem Natriumacetat zerlegt, darf auf die Anwesenheit einer Carboxylgruppe geschlossen werden. Durch Titration (Tüpfelprobe auf Lackmus) wurde ein Molekulargewicht von 670—770 festgestellt (Freudenberg), während die Bestimmung nach dem Siedeverfahren in Aceton Werte zwischen 634 und 756 ergeben hat (Adolphi, Thoms, Richter).

Hydrolyse der Chebulinsäure. Spaltsäure und Spaltgerbstoff (Freudenberg). Mit 5 proz. Schwefelsäure 72 Stunden auf 100° erhitzt, spaltet sich Chebulinsäure in Glucose (bis 10,5%) und Gallussäure (bis 55%). Der Rest besteht aus Zersetzungsprodukten. Besser verläuft der Abbau mit Wasser allein. Die Säure ist, wie schon Fridolin gefunden hat, gegen heißes Wasser recht empfindlich. Erhitzt man die Lösung 24 Stunden auf 100°, so steigt der Säuregehalt derart, daß man auf die Freilegung von mindestens einem weiteren Carboxyl schließen muß. Daneben wird etwas Gallussäure frei, die den Säuregehalt gleichfalls, aber nur um ein Geringes, erhöht. Wird diese Lösung zum Sirup eingeengt und mit Äther vollkommen von Gallussäure befreit, so krystallisiert der weiter unten beschriebene Spaltgerbstoff aus. Das Filtrat wird verdünnt, mit der Lösung von Thalliumbicarbonat[1]) nahezu neutralisiert, auf 200 ccm gebracht (wenn von 15 g wasserfreiem Gerbstoff ausgegangen war) und von den starken amorphen Abscheidungen abfiltriert. Die Lösung bleibt 15 Stunden auf Eis stehen. Die amorphe Abscheidung wird abgetrennt und die Flüssigkeit im Vakuum auf 25 ccm eingeengt. Aus der hellgelben Lösung scheidet sich eine harzige Masse ab, die sich in gelinder Wärme löst. Um einen Rest des Spaltgerbstoffs zu entfernen, wird bei 30—40° 5—10mal mit je 25 ccm Essigäther ausgeschüttelt. Während der Ausschüttelung beginnt sich aus der wäßrigen, thalliumhaltigen Lösung ein fast farbloses, sandiges Krystallpulver abzuscheiden. Schließlich wird der gelöste Essigäther im Vakuum aus der krystallisierenden Flüssigkeit entfernt. Nach 24 Stunden wird das

---

1) K. Freudenberg, G. Uthemann, B. **52**, 1511 (1919).

Salz abgesaugt, mit wenig Wasser gewaschen und auf Ton getrocknet. Die Ausbeute beträgt 5 g. Die Mutterlauge wird im Vakuum eingeengt und scheidet nach längerem Stehen noch 0,5 g des gleichen Salzes ab.

Spaltsäure. Das Thalliumsalz wird aus Wasser in schönen Krystallen erhalten. Zur Bereitung der freien Säure wird die wäßrige Lösung mit etwas weniger als der zur Umsetzung nötigen Salzsäure versetzt. Dabei scheidet sich der größte Teil des Thallochlorids ab. Die Lösung wird mit dem doppelten Volum Aceton verdünnt und mit $^{n}/_{10}$-Salzsäure versetzt, bis alles Thallium ausgefallen ist. Nach der Filtration wird im Vakuum abdestilliert, in Wasser gelöst und wieder konzentriert. Die Säure bleibt als farbloser Sirup zurück, der sauer und etwas bitter schmeckt, ohne den süßen Nachgeschmack der Gallussäure. Die Säure schlägt Leim nicht nieder, liefert ein gut krystallisierendes Brucinsalz und ist optisch aktiv. Sie scheint zweibasisch zu sein und von höherem Molekulargewicht als Gallussäure, von der sie sich auch durch ihre Unlöslichkeit in Äther und eine völlig verschiedene Farbenreaktion mit Cyankalium unterscheidet. Wird diese Reaktion in der auf S. 20 beschriebenen Weise auf Filtrierpapier ausgeführt, so nimmt der anfänglich fast farblose Fleck allmählich eine blauviolette Färbung an, die nach 1—2 Minuten ihren Höhepunkt erreicht, dann langsam verblaßt und in ein leuchtendes Schwefelgelb übergeht[1]). Die wäßrige Lösung der Säure gibt mit überschüssigem Kalkwasser eine rahmfarbene Fällung, die sich an der Luft nicht verändert; Gallussäure wird dagegen durch Kalkwasser schmutzig blau gefällt. Die ammoniakalische Lösung ist von beständiger gelber Farbe, während sich die entsprechende Gallussäurelösung durch Oxydation an der Luft rasch dunkel färbt. Die Reaktionen mit Eisenchlorid und Ammonmolybdat unterscheiden sich dagegen nicht von denen der Gallussäure.

Spaltgerbstoff. Das Rohprodukt wird in wenig Wasser gelöst und mit etwas wäßrigem Thalliumbicarbonat neutralisiert. Diese Lösung wird mit Essigäther ausgeschüttelt und der Auszug mit der Essigätherlösung vereinigt, die während der Darstellung der Spaltsäure gewonnen wurde. Der Essigäther wird unter ge-

---

[1]) Über eine ähnliche Farbenreaktion vgl. Francis u. Nierenstein, A. **382**, 208 (1911).

ringem Druck verjagt, zuletzt nach Zugabe von Wasser. Der Gerbstoff krystallisiert in farblosen, wasserhaltigen Nadeln, die in kaltem Wasser sehr schwer, in heißem spielend löslich sind. Ausbeute 20—30%. Entwässert löst sich der Gerbstoff auch in kaltem Wasser sehr leicht, um bald auszukrystallisieren. Aceton, Alkohol und Essigäther lösen leicht, Amylalkohol weniger, Äther schwer. Die Drehung beträgt in alkoholischer, 3—4 proz. Lösung $[\alpha]_D = +85°$. Die Acidität ist ähnlich der des Pyrogallols. Die Elementarzusammensetzung ist dieselbe wie die des Hamamelitannins, und alle Eigenschaften weisen darauf hin, daß es sich um eine Digalloylglucose handelt. Aus dem Abbau der methylierten Chebulinsäure geht hervor, daß beide Gallussäurereste für sich mit der Glucose verestert sind.

Die mit Diazomethan methylierte Chebulinsäure nimmt nach Fischer und Bergmann eine p-Brombenzoylgruppe auf. Bei der alkalischen Hydrolyse hat Richter 50% Trimethylgallussäure gefunden.

Zusammenfassend läßt sich über die Chebulinsäure bis jetzt sagen, daß sie als eine Digalloylglucose angesehen werden kann, die mit einer anderen Phenolcarbonsäure — vielleicht in Glucosidbindung — verknüpft ist. Möglicherweise enthält die Chebulinsäure noch eine weitere Komponente.

-Türkisches Tannin[1]). Den älteren Forschungen am Handelstannin — bis gegen 1870 — liegt hauptsächlich sogenanntes türkisches Tannin zugrunde, das vorwiegend aus den Zweiggallen von Quercus infectoria, den Aleppogallen, gewonnen wird; später überwiegen im Handel Präparate, die zumeist aus „chinesischem Tannin" bestehen, das aus den Blattgallen einer Sumachart stammt, die in Ostasien, besonders in China, beheimatet ist. Die beiden Gerbstoffarten weisen trotz großer Ähnlichkeiten erhebliche Unterschiede auf, worauf erst Gautier[2]), später K. Feist[3]) hingewiesen hat. Daß die Forschung die Herkunft der Handelspräparate außer acht ließ, war eine der Ursachen für die Jahrzehnte dauernde Verwirrung in der Tanninchemie. Der Fall beweist, wie notwendig es ist, auf die Rohstoffe selbst zurückzugreifen.

---

[1]) E. Fischer, K. Freudenberg, B. **47**, 2485 (1914), Dps. 329.
[2]) Bl. **32**, 609 (1879).
[3]) Ar. **250**, 668 (1912).

Zerkleinerte Aleppogallen werden mit kaltem Wasser, das etwas Chloroform enthält, perkoliert und die Auszüge im Vakuum eingeengt. Vorher müssen die Gallen kurze Zeit auf 100° erwärmt werden, um die Wirkung der meistens in ihnen vorkommenden Schimmelpilze auszuschalten. Der dicke wäßrige Sirup wird unter Schütteln mit wenig Natriumcarbonatlösung versetzt, bis ein Tropfen nach der Verdünnung nur noch sehr schwach sauer reagiert. Die neutralisierte Lösung wird mit Essigäther wiederholt ausgeschüttelt. Die vereinigten Auszüge werden mehrere Male mit Wasser gewaschen und unter geringem Druck, zuletzt nach Zugabe von Wasser, eingedampft. Der Sirup wird im Vacuum über Phosphorpentoxyd getrocknet und geht dabei in eine spröde Masse über.

Das von E. Fischer u. K. Freudenberg untersuchte, nach einem etwas anderen Verfahren gewonnene türkische Tannin ist nicht einheitlich. Es enthält mehrere Prozente einer Beimengung von den typischen Eigenschaften eines Ellagengerbstoffes, die nach der Art eines Glucosides schon bei gelinder Einwirkung, z. B. Kochen mit Wasser, kurzem Erwärmen mit verdünnten Säuren, die unlösliche Ellagsäure abspaltet. Neben diesen Bestandteilen kommt in den Aleppogallen eine nicht geringe Menge Gallussäure vor, die sich mit Äther extrahieren läßt (Dizé, S. 33, Anm.), bei dem hier beschriebenen Verfahren aber vom Tannin abgetrennt wird. Früher glaubte man aus Aleppogallen auch einfachere Gallussäurezuckerverbindungen isoliert zu haben[1]), was sich als ein Irrtum herausgestellt hat[2]); daß das Vorkommen solcher Verbindungen möglich ist, braucht deshalb nicht bestritten zu werden.

Durch Einwirkung von Ammoniak entsteht Gallamid[3]). Am türkischen Tannin hat Strecker die erste brauchbare Hydrolyse mit Schwefelsäure ausgeführt[4]). Er erhielt außer Gallussäure 15—22% Glucose. Fischer und Freudenberg, die sein Verfahren etwas abgeändert haben[5]), gewannen nur 11,5—13,8%

---

[1]) K. Feist, Ch. Z. **32**, 918 (1908); C. 1908 II, 1352; B. **45**, 1493 (1912); Ar. **250**, 668 (1912); Ar. **251**, 468 (1913).

[2]) E. Fischer, K. Freudenberg, l. c.; E. Fischer, M. Bergmann, B. **51**, 1765 (1918), Dps. 354; E. Fischer, B. **52**, 825 (1919), Dps. 56.

[3]) A. u. W. Knop, J. pr. **56**, 327 (1852).

[4]) A. **81**, 248 (1852); **90**, 328 (1854).

[5]) Vgl. Abschnitt: Chinesisches Tannin.

Glucose. Der Unterschied kann vielleicht daraus erklärt werden, daß Streckers Tannin, das mit Säure umgefällt war, mehr Ellagsäureglucosid oder andere, glucosereichere Verbindungen enthielt als das von Fischer und Freudenberg nach dem Essigätherverfahren gereinigte Präparat (vgl. S. 90). Auch van Tieghem, der türkisches Tannin mit Pilzen zerlegte, erreichte nicht ganz Streckers Glucosewerte[1]). Außer Glucose gewannen Fischer und Freudenberg 81,8—84,8% Gallussäure und 2,7—3,8% Ellagsäure.

Wie auf S. 40 erwähnt ist, muß bei diesen Hydrolysen mit Verlusten gerechnet werden. Den gefundenen Zahlen für Gallussäure sind etwa 5%, denen für Glucose etwa 55% zuzurechnen. Für Ellagsäure beträgt diese Zahl 11%[2]). Den gefundenen Werten liegen demnach etwa folgende wirkliche Werte zugrunde (im Durchschnitt):

| | |
|---|---:|
| Gallussäure | 87,5% |
| Glucose | 19,7% |
| Ellagsäure | 3,6% |
| | 110,8% |

Wenn 3,6 g Ellagsäure in Form eines Monoglucosids (5,5 g) vorliegen, so beanspruchen sie 2,1 g Glucose. Für 94,5 g reiner Gallussäureglucoseverbindung bleiben danach:

| | |
|---|---:|
| 87,5 g Gallussäure | 92,6% |
| 17,6 g Glucose | 18,6% |
| | 111,2% |

Aus der Formel einer Pentagalloylglucose berechnen sich folgende Zahlen:

| | |
|---|---:|
| Gallussäure | 90,5% |
| Glucose | 19,1% |
| | 109,6 % |

Da ein Ellagsäureglucosid und die Pentagalloylglucose fast die gleiche Elementarzusammensetzung haben (ersteres C 51,7, H 3,5, letztere C 52,3, H 3,4) wird sich die Beimengung des Ellagsäurederivates in den Analysenergebnissen nicht fühlbar machen. Tatsächlich ergab die Verbrennung des türkischen Tannins

---

[1]) Ann. scienc. nat. (5) Bot. 8, 210 (1867).
[2]) B. 47, 2495 (1914).

C 52,5, H 3,5. Strecker hat C 52,3 und H 3,7 gefunden. Daraus würde sich zwanglos ergeben, daß der Hauptbestandteil des türkischen Tannins eine Pentagalloylglucose ist, zumal die Ähnlichkeit mit den synthetisch bereiteten Derivaten der $\alpha$- und $\beta$-Glucose[1]) außerordentlich groß ist. Aber die Ergebnisse der Methylierung mit Diazomethan zeigen, daß die Verhältnisse doch nicht so einfach sind.

Eine mit 5 Gallussäureresten veresterte Glucose müßte nach der Methylierung und darauffolgenden alkalischen Hydrolyse alle Gallussäure als Trimethylgallussäure zurückgeben. Demgegenüber wurden nur $^6/_7$ der wiedererhaltenen Gallussäure als Trimethyläther gewonnen, während $^1/_7$ als m-p-Dimethyläthergallussäure auftrat, die von der ersten nach einem ziemlich mühsamen und verlustreichen Verfahren abgetrennt wurde[2]). Aus diesem Befunde können weitergehende Schlüsse allerdings erst dann gezogen werden, wenn feststeht, ob die Dimethylgallussäure ihre Entstehung einer unvollständigen Methylierung verdankt oder nicht (vgl. S. 60). Schließlich wurden bei der Spaltung des methylierten Gerbstoffs 7% eines in Bicarbonat unlöslichen, in Alkalien, Äther und Chloroform löslichen, krystallinischen Produktes erhalten, das noch nicht näher untersucht ist. Über den Verbleib der Ellagsäure gab der Versuch keinen Aufschluß. Das methylierte türkische Tannin ließ sich in eine in Tetrachlorkohlenstoff lösliche und eine unlösliche (unvollständig methylierte?) Fraktion trennen, es ist also nicht einheitlich. Immerhin ist es beachtenswert, daß der in Tetrachlorkohlenstoff lösliche Anteil einen ähnlichen Drehungswert besitzt wie die synthetisch bereitete Penta-(trimethylgalloyl)-$\beta$-glucose. Nur ist die letztere krystallisiert im Gegensatz zu dem amorphen Derivat des Gerbstoffes.

Die Drehung des türkischen Tannins schwankt bei Präparaten verschiedener Darstellung, wie das bei einem Gemisch nicht anders zu erwarten ist. Die Konzentration hat, im Gegensatz zum chinesischen Tannin, keinen oder nur geringen Einfluß auf die spezifische Drehung. Sie beträgt in wäßrigen Lösungen von 7% und darunter $[\alpha]_D = +2{,}5$ bis $+5°$; in Aceton in 9—12 proz.

---

[1]) E. Fischer, M. Bergmann, B. **51**, 1779 ff. (1918); **52**, 836 (1919), Dps. 368, 402.

[2]) E. Fischer, K. Freudenberg, B. **47**, 2498 (1914), Dps. 343.

Lösung $[\alpha]_D = +23$ bis $+24°$. Das Lösungsmittel übt demnach einen sehr starken Einfluß auf das Drehungsvermögen aus.

In der Löslichkeit in den verschiedenen Lösungsmitteln schließt sich das türkische Tannin eng dem chinesischen an; doch verdient hervorgehoben zu werden, daß es von Essigäther nicht ganz so leicht aufgenommen wird wie das gallussäurereichere ostasiatische Material.

Wie das chinesische Tannin ist das türkische sehr geeignet, die Haut in Leder überzuführen[1]). Die gegenteilige Behauptung[2]), die von einem Handbuch in das andere übernommen wurde[3]), ist falsch.

Das **chinesische Tannin** ist der am besten untersuchte Gerbstoff. Es wird bereitet aus den Blattgallen der in Ostasien (China, Japan) verbreiteten Sumachart Rhus semialata. E. Fischers und seiner Mitarbeiter Untersuchungen beziehen sich auf Präparate, die mit dem aus sogenannten chinesischen Zackengallen stammenden Gerbstoff übereinstimmen; ob die Gallen anderer Form oder anderer Herkunft, z. B. aus Japan, genau das gleiche Tannin enthalten, bleibt dahingestellt.

Die Handelssorten werden aus diesen verschiedenen, einander sehr ähnlichen ostasiatischen Gallen bereitet. Der Gerbstoff wird in den Fabriken mit einem Gemisch von Äther und Alkohol oder Aceton ausgezogen. Schon wegen dieser Verwendung von Alkohol sollten chemische und physikalische Untersuchungen grundsätzlich nur mit Präparaten angestellt werden, die nach dem beim türkischen Tannin beschriebenen Essigätherverfahren aus wohldefiniertem Pflanzenmaterial bereitet werden. Nur so kann die Tanninforschung endlich auf eine einheitliche Grundlage gestellt werden. Die Benutzung eines Standartpräparates ist um so notwendiger, als das chinesische Tannin für die verschiedensten Zwecke als der Repräsentant der Gerbstoffe gilt[4]). Daß auch dieses Präparat nicht einheitlich ist, wird weiter unten dargetan werden.

---

[1]) Pelouze, A. **10**, 151 (1834); Paessler, Ch. Z. **18**, 363 (1894). Vgl. Dkk. 390.

[2]) Wagner, Fr. **5**, 1 (1866); derselbe Verfasser hat auch die Einteilung der Gerbstoffe in pathologische und physiologische aufgebracht, deren Folgerichtigkeit Günther (Diss. Dorpat 1875) endgültig widerlegt hat.

[3]) z. B. Dammer, Chem. Technologie der Neuzeit I, 684f (Stuttgart 1910).

[4]) Vgl. S. 38.

Wer dennoch Handelspräparate verwendet, sollte sie stets nach dem „Essigätherverfahren“ reinigen, das wie kein anderes die verschiedensten Beimengungen entfernt (S. 34 u. 39). Nie darf versäumt werden, die Reste des anhaftenden Essigäthers durch Lösen in Wasser und Eindampfen im Vakuum wegzuschaffen. Da die käuflichen Handelspräparate meistens Alkohol oder Äther enthalten, ist die Vornahme dieser letzteren Operation unter allen Umständen angezeigt.

Das aus der wäßrigen Lösung stammende Tannin ist eine spröde, zerreibliche Masse, die nicht klebt. Im Vakuum bei 100° verliert sie glatt alles Wasser (mehrere Prozent), das sie an der Luft mit großer Begierde wieder ansaugt, ohne klebrig zu werden. Mit Wasser übergossen quillt der Gerbstoff auf und geht in Lösung. Beim Abkühlen auf 0° trüben sich selbst verdünnte Lösungen milchig[1]), und starke wäßrige Lösungen mancher Präparate bilden schon bei Zimmertemperatur 2 Schichten.

Schon die älteren Tanninchemiker haben festgestellt, daß starke wäßrige Tanninlösungen mit Äther oder Äther-Alkohol bzw. -Aceton 3 Schichten bilden, von denen die unterste den meisten Gerbstoff enthält[2]). Alkohol, Aceton, Essigäther und Pyridin lösen das chinesische Tannin in jedem Verhältnis. Der vollkommen trockene Gerbstoff wird in Berührung mit reinem Äther klebrig und löst sich bei gewöhnlicher Temperatur etwa zu einem halben Prozent darin auf[3]). Diese Lösung trübt sich beim Erwärmen. Beim Eindampfen, auch im Vakuum bei erhöhter Temperatur, werden die organischen Lösungsmittel nicht vollständig abgegeben. Die Präparate fühlen sich meist klebrig an und können nur durch Auflösen in Wasser und Eindunsten von dieser Beimengung befreit werden (vgl. S. 35).

In optischer Hinsicht zeigt das chinesische Tannin ein sehr bemerkenswertes Verhalten, das im Zusammenhange von Navas-

---

[1]) Ssabanejew, Ph. Ch. **6**, 88 (1890); vgl. O. Bobertag, K. Feist, H. W. Fischer, B. **41**, 3675 (1908); E. Fischer, K. Freudenberg, B. **45**, 930 (1912), Dps. 281 und, bei den synthetischen ｜Präparaten: E. Fischer, M. Bergmann, B. **52**, 835 (1919), Dps 400, 401.

[2]) Vgl. S. 28. Rosenheim u. Schidrowitz haben darauf ein Reinigungsverfahren gegründet, das aber vor dem Essigätherverfahren keine Vorzüge hat. Soc. **73**, 878 (1898).

[3]) E. Fischer, K. Freudenberg, B. **45**, 919 (1912), Dps. 269.

sart[1]) untersucht worden ist. In wäßriger 20 proz. Lösung hat
der Gerbstoff eine spez. Drehung von + 45 bis + 53°. Mit der
Verdünnung steigen diese Werte erst langsam, dann schnell;
ein Präparat, das in 5 proz. Lösung etwa + 60° dreht, zeigt in
1 proz. Lösung eine bis zu 10° höhere Drehung. Bei noch geringeren
Konzentrationen verliert sich die Kurve schnell im Bereich der
Beobachtungsfehler; aber der Zug der Kurve veranschaulicht
deutlich, daß auch bei 1 proz. Verdünnung noch kein Maximum
erreicht ist. Die bisherige Gepflogenheit, die Drehung des chinesischen Tannins in etwa 1 proz. Lösung zu bestimmen, verliert
damit die Begründung. Besser werden, wenn die Löslichkeit
es irgend zuläßt, stärkere (etwa 5 proz.) Lösungen verwendet,
weil bei dieser Stärke die Drehung weit weniger mit der Konzentration wechselt. Außerdem sind die Versuchsfehler geringer und
schließlich scheint es, daß das Drehungsvermögen in verdünntester
Lösung in einem besonders hohen Maße von Beimengungen oder
unbekannten Zufälligkeiten abhängt, die von Einfluß auf die
Dispersität sind. Aus den in wäßriger Lösung, vor allem wenn
sie sehr verdünnt ist, gewonnenen Werten dürfen deshalb, wie
auch E. Fischer und M. Bergmann[2]) betont haben, keine zu
weitgehenden Schlüsse gezogen werden. Für Vergleichszwecke
wird es am besten sein, die Drehung bei verschiedener Konzentration zu bestimmen und mehr Gewicht auf die Struktur der
Kurve als auf die einzelnen Zahlenwerte zu legen.

Weit wichtiger sind die Befunde in organischen Lösungsmitteln, weil sich in ihnen die spez. Drehung nur in einem geringen Maße mit der Konzentration verändert[3]). In diesen Medien
zeigt das chinesische Tannin ein bedeutend geringeres Drehungsvermögen als in wäßriger Lösung. Es dreht stets nach rechts.

Die vorstehenden Angaben und auch, wenn es nicht anders
vermerkt ist, die späteren gelten für das nach dem Essigätherverfahren bereitete chinesische Tannin. Für die auch von E. Fischer
stets vertretene Ansicht, daß dieses Präparat nicht einheitlich,
sondern ein Gemisch einander sehr nahestehender Isomerer, vielleicht Stereoisomerer sei, hat Iljin[4]) den Beweis erbracht.

---

[1]) Koll. Beih. **5**, 299 (1914).
[2]) B. **51**, 1778 (1918); B. **52**, 835 (1919), Dps. 367, 400.
[3]) Navassart, l. c.
[4]) B. **47**, 985 (1914).

100 g Handelstannin ($[\alpha]_D$ in 1 proz. wäßriger Lösung $= +60$ bis $+ 70°$) wurden in 2 l Wasser gelöst und mit 350 ccm einer 6 proz. Zinkacetatlösung versetzt; der Niederschlag wurde abgenutscht, in Wasser aufgeschwemmt, erneut abgesaugt, in 300 ccm Wasser verteilt und mit 30 proz. Schwefelsäure unter Vermeidung eines Überschusses zerlegt. Diese Flüssigkeit wurde mit 250 ccm Essigäther extrahiert und der Auszug im Vakuum verdampft. Das so erhaltene Tannin ($[\alpha]_D$ in 1 proz. wäßriger Lösung $= +35,5°$ wurde noch 5 mal in der gleichen Weise gefällt und zwischendurch nach dem Essigätherverfahren behandelt. Schließlich wurde ein Präparat erhalten, das zwar die Zusammensetzung des Ausgangsmaterials hatte, aber in 20 Teilen Wasser von gewöhnlicher Temperatur nicht mehr klar löslich war und in 1 proz. wäßriger Lösung $[\alpha]_D = + 5°$ zeigte.

Das erste Filtrat von der Zinkfällung wurde mit 600 ccm Essigäther extrahiert und das aufgenommene Tannin in Wasser übergeführt, erneut mit Zinkacetat gefällt und wieder aus dem Filtrat ausgeschüttelt. Dieses 7 mal wiederholte Verfahren lieferte ein leicht lösliches Präparat, gleichfalls von der Zusammensetzung des Ausgangsmaterials, aber von einer spezifischen Drehung von $+ 135$ bis $+ 140°$ in 1,2 proz. wäßriger Lösung. Mit Handelstannin, das zuvor nach dem Essigätherverfahren gereinigt war, erhielt Iljin dieselben Ergebnisse.

Das Molekulargewicht des chinesischen Tannins wird an Iljins Präparaten, aus chinesischen Zackengallen hergestellt, bestimmt werden müssen. Eine Gefrierpunktsbestimmung in wäßriger Lösung hat nur dann Zweck, wenn sich herausstellt, daß die spezifische Drehung mit zunehmender Verdünnung einen konstanten Wert erreicht. Solange sich die Drehung mit der Konzentration ändert, muß mit verschiedenen Stufen der Dispersität oder der Hydratbildung gerechnet werden. Übrigens scheint nur die eine von Iljin isolierte Komponente in Wasser genügend löslich zu sein. Vielleicht lassen sich durch Siedepunktsbestimmungen maßgebendere und durch den kolloidalen Zustand weniger beeinflußte Zahlen gewinnen. Die meiste Aussicht besteht bei der Verwendung organischer Lösungsmittel (vgl. S. 28). Bis jetzt liegen Bestimmungen an einwandfreiem Material noch nicht vor.

Unter Berücksichtigung der Beobachtungen Iljins verdienen

Navassarts Versuche über die Diffusion wiederholt zu werden[1]). Insbesondere bedarf, nachdem die Verfahren inzwischen vorgeschritten sind, die von F. Neuner und E. Stiasny[2]) beobachtete hydrolytische Spaltung des Gerbstoffs in Berührung mit der Membran einer Nachprüfung.

Das chinesische Tannin ist schwach sauer. Zur Neutralisation braucht es soviel Lauge, wie dem vermuteten durchschnittlichen Molekulargewicht (1700) ungefähr entspricht (auf 1 g: 5,8—6,7 ccm $^{n}/_{10}$ NaOH)[3]). Dennoch kann die Gegenwart einer freien Carboxylgruppe für ausgeschlossen gelten. Auf den schwach sauren Charakter kann außer den etwa 25 Phenolgruppen der Zuckerrest von Einfluß sein[4]). Die Erscheinung kann auch im Sinne der von H. Kauffmann[5]) vertretenen Ansichten dahin gedeutet werden, daß die zahlreichen, über das Molekül verteilten Hydroxyle ihren Säurecharakter derart äußern, als seien einzelne stärkere Säuregruppen vorhanden. Doch es muß, da das Präparat erwiesenermaßen nicht einheitlich ist, vor zu weitgehenden Schlüssen gewarnt werden. Unter den Salzen des chinesischen Tannins haben die Kaliumsalze die schon hervorgehobene Bedeutung[6]).

Die Elementarzusammensetzung des Gerbstoffs und der Acetylgehalt seiner Acetylverbindung passen auf die im folgenden abgeleitete Hypothese einer Pentadigalloylglucose. Auch Iljins Beobachtungen stehen nicht im Widerspruch zu dieser Auffassung.

Die Hydrolyse mit Schwefelsäure[7]) läßt sich nach den neusten Erfahrungen vereinfachen, wenn nach der Entfernung der Gallussäure und Schwefelsäure die Lösung mit einer gewogenen Menge „gewachsener Tonerde" entgerbt wird[8]). Die Gewichtszunahme der Tonerde ist gleich der Menge des unzerlegten Gerbstoffes oder der durch Zersetzung sekundär entstandenen gerbstoffartigen Produkte; im Filtrat bleibt Glucose, die polarimetrisch,

---

[1]) Gehaltsbestimmungen nach dem Löwenthalschen Titrierverfahren wie sie Navassart ausführt, sind für solche Versuche ungeeignet.

[2]) C. 1910 I, 2148.

[3]) E. Fischer, K. Freudenberg, B. **45**, 922 (1912), Dps. 272.

[4]) Ebenda, S. 917, Dps. 266.

[5]) B. **46**, 3801 (1913).

[6]) Darstellung: E. Fischer, M. Bergmann, B. **52**, 837 (1919), Dps. 403. Vgl. S. 16 u. 34.

[7]) E. Fischer, K. Freudenberg, B. **45**, 923 (1912). Dps. 272.

[8]) K. Freudenberg, B. **52**, 1241 (1919). Vgl. S. 85.

titrimetrisch und gravimetrisch bestimmt wird. Die gefundene Gallussäure kann, wie blinde Versuche[1]) ergeben haben, in unreinem Zustande gewogen werden; die Säure muß aber stets aus Wasser umkrystallisiert sein, bevor sie zur Wägung gebracht wird; der Krystallwassergehalt (1 Mol) ist zu berücksichtigen. Die Hydrolysen ergaben[2]) 93,6—94% wasserfreie Gallussäure und 6,8—7,9% Glucose. Nach der Zurechnung der durch blinde Versuche ermittelten durchschnittlichen Verluste liegen diesen Zahlen etwa folgende wirkliche Werte zugrunde (Durchschnitt; vgl. S. 40 u. 91):

$$\begin{array}{lr} \text{Gallussäure} & 98,6\% \\ \text{Glucose} & 11,4\% \\ \hline & 110,0\% \end{array}$$

Eine Pentadigalloylglucose verlangt:

$$\begin{array}{lr} \text{Gallussäure} & 100,0\% \\ \text{Glucose} & 10,6\% \\ \hline & 110,6\% \end{array}$$

Die Hydrolyse der synthetischen Penta-digalloyl-glucose ergab 93,5% Gallussäure und 8,1% Glucose[3]), oder, ebenso umgerechnet:

$$\begin{array}{lr} \text{Gallussäure} & 98,3\% \\ \text{Glucose} & 12,5\% \\ \hline & 110,8\% \end{array}$$

Die Übereinstimmung kann bei der Größe der Versuchsfehler nicht besser gewünscht werden.

Es darf aber nicht verhohlen werden, daß auch Formen mit 9 oder 11 Gallussäuren beigemengt sein können. Die Ergebnisse der Elementaranalyse, der Acetyl- und Methylbestimmungen lassen hier keine Entscheidung treffen; die Unterschiede sind zu gering, aber am besten stimmen die Zahlen stets auf 10 Gallussäurereste[4]); daß Iljins verschiedene Fraktionen dieselbe Zusammensetzung wie das Ausgangsmaterial zeigen, läßt sich

---

[1]) E. Fischer, K. Freudenberg, B. **45**, 924 (1912), Dps. 275.

[2]) Ebenda, die Ergebnisse sind zusammengestellt von E. Fischer, M. Bergmann, B. **51**, 1772 (1918), Dps. 361.

[3]) E. Fischer, M. Bergmann, B. **51**, 1772 (1918), Dps. 361.

[4]) B. **45**, 921 (1912), Dps. 271 (Analyse I—III); B. **45**, 2724 (1912), Dps. 302; B. **51**, 1777 (1918), Dps. 366.

für die Einheitlichkeit in bezug auf die Anzahl der Säurereste anführen.

Das mit Diazomethan methylierte chinesische Tannin gibt bei der alkalischen Hydrolyse ein Gemenge von Trimethyl- und m-p-Dimethylgallussäure[3]).

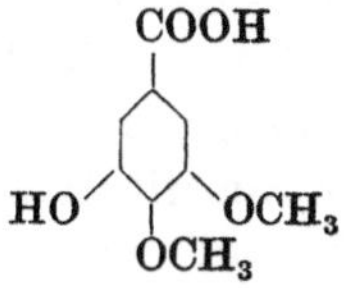

$$COOH$$
$$HO \quad OCH_3$$
$$OCH_3$$

Das Mengenverhältnis beider ist noch nicht genau festgestellt; soweit bis jetzt Angaben vorliegen, scheint dieses Gemisch zum mindesten aus der Hälfte, wenn nicht aus mehr Trimethylgallussäure zu bestehen. Für das Auftreten anderer Gallussäurederivate liegen keine Anzeichen vor. Da am rohen Gemisch der Säuren keine Eisenchloridreaktion beobachtet wurde, darf die Gegenwart von freier Gallussäure oder ihres m-Monomethyläthers

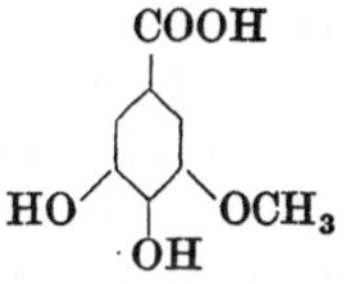

$$COOH$$
$$HO \quad OCH_3$$
$$OH$$

als ausgeschlossen gelten. Möglich wäre nur die Gegenwart Syringasäure

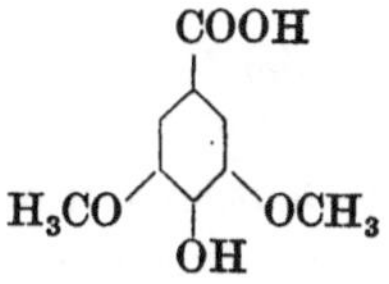

$$COOH$$
$$H_3CO \quad OCH_3$$
$$OH$$

und der p-Methylgallussäure

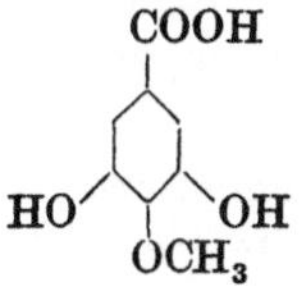

$$COOH$$
$$HO \quad OH$$
$$OCH_3$$

---

[3]) Herzig u. Tscherne, B. **38**, 989 (1905); Herzig u. Renner, M. **30**, 543 (1909); Herzig, M. **33**, 843 (1912).

die beide mit Eisenchlorid keine bemerkenswerte Färbung geben[1]).
Ein Gemisch dieser beiden Säuren mit der m-p-Dimethylgallus-
säure würde nahezu unentwirrbar sein; dem steht aber die
Tatsache gegenüber, daß die m-p-Dimethylsäure aus der Reak-
tionsmasse verhältnismäßig leicht in reinem Zustande gewonnen
wird. Es darf also als festgestellt gelten, daß alle im chinesischen
Tannin enthaltene Gallussäure nach der Methylierung nur als
Trimethyläther und die genannte Dimethylverbindung auftritt.

Für die Beurteilung der Konstitution des chinesischen Tannins
sind demnach folgende Feststellungen maßgebend:

Auf ein Mol Glucose entfallen sehr wahrscheinlich 10 Mole
Gallussäure, deren Bindung über die Carboxyle geht. Diejenigen
Gallussäurereste, die nach der Methylierung als m-p-Dimethylgallussäure auftreten[2]), müssen an einem metaständigen Hydroxyl
mit dem Carboxyl eines anderen Gallussäurerestes verestert
sein. In diesem Rahmen ergibt sich für die Verteilung von 10 Gallussäureresten eine Fülle von Möglichkeiten, die sich aber zwischen
2 Grenzformen bewegen müssen.

Die erste wäre eine Kette von 10 hintereinandergeschalteten
Gallussäureresten, von denen 9 jeweils mit dem m-Hydroxyl der
nächsten Gallussäure verestert sind, während die letzte an einem
Hydroxyl der Glucose haftet. Die andere Grenzform ist eine
Glucose, in der alle 5 Hydroxyle mit Gallussäure verestert sind,
während 5 weitere Gallussäurereste über diese als Grundlage
des Moleküls gedachte Penta-galloyl-glucose in Ester-(Depsid-)
Bindung verteilt sind.

Die erste Form würde bei der Methylierung auf 9 Mol Dimethylgallussäure nur 1 Mol Trimethylsäure liefern können. Der Versuch weist aber mit aller Deutlichkeit nach der zweiten Grenzform hin, aus der die Säuren — glatten Verlauf der Methylierung
vorausgesetzt — im äquimolekularen Verhältnisse entstehen
müssen. Für die Annäherung an diese zweite Form sprechen
außerdem folgende Beobachtungen:

---

[1]) Die Beobachtung von Bogert und Ehrlich, daß Syringasäureester
mit Eisenchlorid in Alkohol eine blaue Färbung gibt, bedarf der Nachprüfung. (C. 1919, III, 602).

[2]) Daß die Dimethylgallussäure ihre Entstehung einer unvollständigen
Methylierung verdankt, darf bei der von Herzig gewählten Versuchs-
anordnung als ausgeschlossen gelten.

Die Herausschälung des Zuckers aus dem Molekül erfordert sehr energische Eingriffe. Daraus kann geschlossen werden, daß die Bindungen mit der Gallussäure über das ganze Molekül des Zuckers verteilt sind; einfachere Gerbstoffe derselben Art, z. B. die Digalloylhexose Hamamelitannin werden leichter hydrolysiert.

Das acetylierte chinesische Tannin verliert alle seine Acetyle mit großer Leichtigkeit. Daher liegt die Annahme nahe, daß zur Acetylierung nur phenolische Hydroxyle und keine aliphatischen des Zuckers zur Verfügung stehen. Wo dies der Fall ist, z. B. bei der l-Galloyl-glucose, ist eine stufenweise Freilegung erst der aromatischen, dann der aliphatischen Hydroxyle beobachtet worden.

Die Ähnlichkeit des Naturproduktes mit den synthetischen Penta-digalloylglucosen spricht gleichfalls zugunsten der zweiten Grenzform.

Aber im Rahmen dieser als zweiter Grenzform bezeichneten Formulierung ist für zahlreiche weitere Möglichkeiten Raum vorhanden. Wenn dem Molekül eine Penta-galloyl-glucose zugrunde liegt, so lassen sich für die Verteilung der übrigen 5 Gallussäurereste wiederum 2 Grenztypen aufstellen. In der ersten dieser engeren Grenzformen sind die 5 zu verteilenden Gallussäuren sämtlich hintereinander geschaltet, und diese Kette ist mit einen der am Zucker haftenden Gallussäurereste verestert. Die übrigen 4 unmittelbar am Zucker haftenden Gallussäuremoleküle sind an ihren Phenolgruppen unbesetzt. Die zweite der engeren Grenzformen ist eine Penta-digalloyl-glucose. Die Zahl der möglichen Kombinationen innerhalb dieser engeren Grenzformen übersteigt 100, wenn die $\alpha$- und $\beta$-Isomerie der Glucose außer acht bleibt.

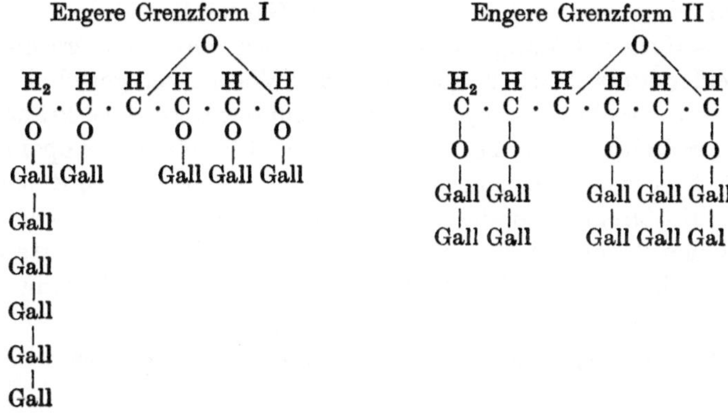

E. Fischer neigt der Auffassung als Penta-m-digalloyl-glucose (II) zu. Aber mit Vorbehalt. „Man kann sich auch vorstellen, daß die Anhäufung von Galloylresten in dem Tannin bis zur Entstehung einer Tri- oder gar Tetragalloylgruppe fortschreitet. Ich halte das zwar nicht für wahrscheinlich, da die Bäume nirgendwo in den Himmel wachsen, aber die Möglichkeit kann man bei kritischer Betrachtung doch nicht ganz ausschalten"[1]).

Die Ergebnisse der in Richtung auf das chinesische Tannin unternommenen Synthesen können dahin zusammengefaßt werden, daß die Bereitung der Penta-(m-digalloyl)-$\alpha$-glucose, vermischt mit etwas des $\beta$-Isomeren, und umgekehrt die Gewinnung der $\beta$-Verbindung, vermengt mit etwas $\alpha$-Derivat, gelungen ist[2]). Die Übereinstimmung dieser Präparate mit dem chinesischen Tannin erstreckt sich auf die Elementarzusammensetzung der Gerbstoffe, ihrer Methyl- und Acetylderivate; auf den Acetylgehalt der letzteren, auf die Löslichkeit der Gerbstoffe, ihrer Methyl- und Acetylderivate in den organischen Lösungsmitteln und auf sämtliche Gerbstoffreaktionen. Die Zerlegung der Gerbstoffe durch verdünnte Schwefelsäure erfordert die gleiche Zeit und ergibt die Komponenten im gleichen Mengenverhältnisse.

Die Drehung des nach dem Essigätherverfahren gereinigten chinesischen Tannins, in organischen Lösungsmitteln gemessen, liegt zwischen den für die beiden Penta-digallolyl-glucosen gefundenen Werten, und zwar näher an denen der $\beta$-Form. Daraus könnte geschlossen werden, daß der natürliche Gerbstoff ein Gemisch der beiden Penta-m-digalloylglucosen ist, in dem die $\beta$-Form vorherrscht. Zu dieser Auffassung passen auch die polarimetrischen Beobachtungen an den Acetyl- und Methylderivaten der synthetischen Präparate und des natürlichen Gerbstoffs.

In wäßriger Lösung zeigen sich jedoch einige Unterschiede. Die beiden künstlichen Präparate sind in Wasser von gewöhnlicher Temperatur recht schwer löslich, während das natürliche Präparat diese Erscheinung nur bei einer um 15—20° tieferen Temperatur zeigt. Erst wenn es nach Iljins Verfahren zerlegt wird, kann eine Fraktion ausgesondert werden, die auch in Wasser von gewöhnlicher Temperatur wenig löslich ist. Die Drehungswerte der synthetischen Präparate, in verdünntester wäßriger Lösung ge-

---

[1]) B. **52**, 828 (1909), Dps. 60.
[2]) E. Fischer, M. Bergmann, B. **52**, 829 (1919), Dps. 395.

messen, stimmen mit denen des natürlichen Gerbstoffs darin überein, daß sie höher sind als in organischen Lösungsmitteln. In weniger als 1 proz. wäßriger Lösung zeigt die $\alpha$-Form $[\alpha]_D = + 51°$, die $\beta$-Form $+ 21$ bis $+ 25°$. Chinesisches Tannin hat in sehr verdünnter wäßriger Lösung eine spezifische Drehung von etwa $+ 70°$ und ist das Gemisch einer höher und niedriger drehenden Substanz. Aus den schon angeführten Gründen ist aber den in verdünntester wäßriger Lösung abgelesenen Werten nicht viel Gewicht beizumessen, und sie sind weder für, noch gegen die Identität des natürlichen Produktes mit den synthetischen Präparaten beweisend.

Die Untersuchung des natürlichen Gerbstoffes hat bis jetzt kein Ergebnis gezeitigt, das auf irgendeine Form innerhalb der „engeren Grenzformen" hinweist. Aber man wird nicht fehlgehen, wenn man mit E. Fischer aus dem Vergleich mit dem synthetischen Material schließt, daß das chinesische Tannin sich innerhalb der hier umrissenen Grenzen dem Typus einer Penta-digalloylglucose nähert — wenn auch der Vorwurf erhoben werden könnte, daß in der Vorliebe für diese Aufassung noch ein Rest jener alten, von Mulder und Schiff begründeten Digallussäure-Hypothese des Tannins lebt. Vor einer weiteren Präzisierung ist zuerst die Untersuchung von Iljins Fraktionen vonnöten. Wenn sich die Beobachtung von Biddle und Kelley bestätigt, daß Hefe die Depsidbindung unberührt läßt, dagegen die Esterbindung zwischen Carboxyl und Gallussäure löst, so eröffnet sich damit ein weiterer Weg für die Erforschung des chinesischen Tannins[1]).

Ob dieser Gerbstoff nun 10 Moleküle Gallussäure oder eines mehr oder weniger enthält; ob die Säure stets in der Anordnung der Digallussäure auftritt; ob dem Gerbstoffe die $\alpha$- oder $\beta$-Glucose oder gar eine andere Form dieses Zuckers zugrunde liegt, und ob schließlich in dem Gemenge, das dieser Stoff nun einmal darstellt, dieser oder jene isomere Form überwiegt: dies sind alles Fragen von untergeordneter Bedeutung gegenüber der durch Abbau und Synthese klargelegten Grundform seiner Konstitution[2]).

**Sumachgerbstoff.** Für den Gerbstoff aus den Blättern von Rhus coriaria, des hauptsächlich in Sizilien geernteten Sumach,

---

[1]) Vgl. S. 52.
[2]) Vgl. E. Fischer, B. **52**, 828 (1919), Dps. 59.

gibt Löwe[1]) folgendes Darstellungsverfahren an, das heute in manchen Punkten verbessert werden könnte:

3 kg Blätter werden mit 90 proz. Alkohol heiß erschöpft; der Rückstand des eingedampften Auszuges wird in viel Wasser von 50° gelöst und die Flüssigkeit nach 12 stündigem Stehen filtriert. Mit Essigäther geschüttelt, gibt sie den Gerbstoff an diesen ab. Die Essigätherlösung wird eingedampft, der Rückstand zur Entfernung des anhaftenden Essigäthers in Wasser gelöst und die Lösung wieder eingedampft. Jetzt wird in $2-2^1/_2$ l Wasser gelöst und mit Kochsalz gesättigt. Nach 48 Stunden wird der abgeschiedene Gerbstoff in warmem Wasser gelöst, erneut mit Kochsalz gefällt und mit Kochsalzlösung gewaschen. Nun wird in warmem Wasser gelöst, mit Essigäther ausgeschüttelt und der Auszug eingedampft, mit Wasser versetzt und mit Äther ausgeschüttelt. Dabei bilden sich wie bei den Galläpfeltanninen 3 Schichten, eine ätherische, etwas Gerbstoff und Myricetin (Oxy-Quercetin)[2]) enthaltende, eine mittlere mit wenig Gehalt an Gerbstoff und eine dritte untere, die den größten Anteil an Gerbstoff enthält. Diese letztere Schicht wird nach nochmaligem Schütteln mit Äther für sich abgezogen, mit wenig Wasser vermischt und nach Abdampfen des gelösten Äthers im Exsiccator eingetrocknet.

Pottevin fand in den Blättern Tannase[3]), Gschwendner[4]) stellte den Gerbstoff nach dem Verfahren her, das weiter unten beim Quebrachogerbstoff geschildert ist.

Der Sumachgerbstoff zerfällt in der Hitze durch die Einwirkung von Wasser oder verdünnter Mineralsäure in Gallussäure[5]). Löwe erhielt dabei außerdem eine geringe Menge Ellagsäure. Günther[6]) hat — allerdings an einem recht unreinen Präparate — festgestellt, daß gleichzeitig Glucose frei wird; er hat sie durch die Drehung, mit Hefe und Fehlingscher Lösung nachgewiesen.

---

[1]) Fr. **12**, 128 (1873).

[2]) Perkin, Allen, Soc. **69**, 1299 (1896).

[3]) Vgl. S. 50.

[4]) Diss. Erlangen 1906; Strauß u. Gschwendner, Z. Ang. **19**, 1124 (1906).

[5]) Stenhouse, A. **45**, 11 (1843); Bolley, J. pr. **103**, 484 (1868); Stenhouse, Soc. **11**, 401 (1861); Löwe, l. c.

[6]) Diss. Dorpat 1871.

Die längst vermutete Zugehörigkeit des Sumachgerbstoffes zu der Tanninklasse kann als erwiesen gelten. Aus den Löslichkeitsverhältnissen und der Elementarzusammensetzung (C 52,3, H 3,5, Löwe) darf des weiteren geschlossen werden, daß der Gerbstoff dem türkischen Tannin nahesteht. Mit Barytwasser entsteht eine hellgrüne Färbung.

Gschwendner[1]) hat angegeben, daß der Sumachgerbstoff methoxylhaltig sei. Obwohl kein Beweis des Gegenteils vorliegt, muß darauf hingewiesen werden, daß an diesem Befunde vielleicht die vorhergehende Behandlung des Gerbstoffs mit Alkohol schuld ist[2]).

**Knopperngerbstoff.** Knoppern sind Gallen, die auf den Fruchtbechern von Quercus robur (hauptsächlich pedunculata[3])) wachsen und vorwiegend aus den Donauländern stammen. Löwe[4]) macht einige Angaben über ihren Gerbstoff. Derselbe wurde genau wie der Sumachgerbstoff abgeschieden; da die Zusammensetzung (C 52,0, H 3,3) mit der des türkischen Tannins übereinstimmt und die wäßrige Lösung, längere Zeit etwas über 100° erhitzt, Gallussäure absondert, darf auf einen Gerbstoff der Tanninklasse geschlossen werden.

Es ist beachtenswert, daß der Rinden- und Holzgerbstoff derselben Eiche von ganz anderer Art ist als dieser Gallengerbstoff.

**Teegerbstoff.** Da der schwarze Tee eine Fermentation durchgemacht hat und der Gerbstoff durch die Einwirkung einer Oxydase verändert ist, kann zur Untersuchung des natürlichen Gerbstoffes nur grüner Tee dienen.

Nanninga[5]) vermischt das feine Pulver der frisch getrockneten Blätter mit 20% Wasser und erschöpft zur Entfernung der Alkaloide im Soxhletapparat mit Chloroform; ohne den Wasserzusatz bleibt die Extraktion unvollständig[6]). Das lufttrockene Pulver wird mit Essigäther erschöpft, der Auszug verdampft, der Rückstand in kaltem Wasser gelöst und mit Chloroform aus-

[1]) l. c.
[2]) Vgl. hierzu Chlorogensäure und Quebrachogerbstoff.
[3]) Wiesner, Rohstoffe, 3. Aufl. II, 155 (Leipzig 1918).
[4]) Fr. **14**, 46 (1875).
[5]) Meededeelingen 's lands Plantentuin **46**, 23 (Batavia 1901).
[6]) Dieselbe Beobachtung hat Goris an der Colanuß gemacht, C. r. **144**, 1162 (1907).

geschüttelt. Die Lösung wird nun ausgiebig mit Essigäther ausgezogen. Die ersten Fraktionen enthalten außer viel Gerbstoff Quercitrin[1]) und Harz. Sie werden verworfen, bis kein Quercitrin mehr anzutreffen ist. Aus den weiteren Fraktionen wird der Gerbstoff in amorpher Form gewonnen. Später soll Nanninga aus dem Tee einen krystallinischen Gerbstoff abgeschieden haben[2]).

Nach Hlasiwetz[3]) kommt im schwarzen Tee sowohl freie wie gebundene Gallussäure vor. Daraus kann vielleicht geschlossen werden, daß auch der ursprüngliche Teegerbstoff zu den hydrolysierbaren, insbesondere den Gallussäure abspaltenden gehört.

## 3. Gerbstoffartige Glucoside.

Die Ellagengerbstoffe werden als Glucoside der Ellagsäure angesehen, weil sie unter den Bedingungen, unter denen die Glucoside zerfallen, die unlösliche Ellagsäure abscheiden. In einigen Fällen ist die gleichzeitige Entstehung von Zucker wahrscheinlich gemacht worden; bewiesen ist sie nur beim Gerbstoffe des Granatbaumes. Aber auch hier ist nicht sichergestellt, ob ein wirkliches Glucosid vorliegt, denn die Ellagsäure, ein Diphenylderivat, das sich aus 2 Molekülen Gallussäure ableitet[4])

$$\text{Ellagsäure (Strukturformel)}$$

---

[1]) Rhamnosid des Quercetins; Hlasiwetz hat im schwarzen Tee Quercetin gefunden (A. **142**, 237, 1867).

[2]) Dkk. 411.

[3]) l. c.

[4]) Als Entdecker der Ellagsäure gelten Braconnot [A. Ch. **9**, 181 (1818)] und Chevreul (ebenda, 329). Sie ist jedoch schon früher den Chemikern begegnet, aber wohl nicht als chemisches Individuum erkannt worden. Reuß (Nordische Blätter f. d. Chemie 1817, 325, 328) ist bei der Untersuchung der Granatrinde auf die Säure gestoßen. Eine Andeutung über ihre Entstehung in alkalischer Tanninlösung findet sich in dem S. 16, Anm. angeführten Wörterbuch, 1788, II. Teil, S. 606. Ellagsäure entsteht aus Gallussäureestern, z. B. Äthylester, Tannin, Hamamelitannin, Chebulinsäure, in alkalischer und ammoniakalischer Lösung durch die Einwirkung des Luftsauerstoffes [z. B. Herzig u. Pollak, M. **29**, 279 (1908), Trunkel, Ar. **248**, 204 (1910)] oder nach H. Bleuler und A. G. Perkin aus Gallussäure mit Ferrisulfat und Schwefelsäure [Soc. **109**, 529 (1916)].

kann nicht nur als Glucosid mit den Phenolhydroxylen am Zucker haften, sondern auch möglicherweise über die Carboxylgruppen mit dem Zucker verestert sein. Außer den Kombinationen der Ellagsäure mit Zucker sind auch solche mit Gallussäure vermutet worden[1]).

Die Ellagsäure ist im Pflanzenreiche ähnlich weit verbreitet wie die Gallussäure, Kaffeesäure oder das Quercetin. Sie wird gewöhnlich in der Begleitung von Gallussäure oder deren Derivaten angetroffen. So sind wir Ellagengerbstoffen bereits als Beimengung der Chebulinsäure, des türkischen Tannins und des Sumachgerbstoffes begegnet.

**Ellagengerbstoff aus Punica granatum[2]).** Einige Kilogramm der Fruchtschalen, Wurzel- oder Zweigrinde des Granatbaumes werden mit 95 proz. Alkohol erschöpft; der Auszug wird unter vermindertem Druck eingedampft und der Rücktand in soviel Wasser aufgenommen, bis keine weitere Fällung mehr entsteht. Die Lösung wird mit Kochsalz gesättigt und nach Entfernung des entstandenen Niederschlages in vielen Portionen mit Essigäther ausgeschüttelt. Von diesen Auszügen werden jeweils mehrere zueinandergehörende zu insgesamt 5 Fraktionen vereinigt, der Essigäther wird unter vermindertem Druck abdestilliert, der Rückstand in ‧ Wasser gelöst, ausgeäthert und im Vakuum zur Trockene gebracht. Die Präparate sind nicht einheitlich. Die

---

Zur Reinigung wird Ellagsäure (D. R. P. 123 128, 1900; 133 458, 1901; Winther, Patente I, S. 547, Gießen 1908) aus ihrer Lösung in Natronlauge durch Ammoniumchlorid als Ammonsalz gefällt. Sie kann auch mit kaltem Pyridin gewaschen und dann aus demselben Lösungsmittel umkrystallisiert werden. Die Krystalle enthalten Pyridin, das mit Salzsäure oder durch Verkochen mit Wasser entfernt wird. Die Säure enthält 2 Mol Krystallwasser. In heißer, 20 proz. Tanninlösung ist sie nicht auflösbar (B. **47**, 2496, 1914; Dps. 340). Vielleicht wird sie aber von anderen Gerbstoffen oder in der Kälte in kolloidaler Lösung gehalten [(Procter, Leather-Industr. Laboratory Book, 2. Aufl., 136 (London, New York 1908); Löwe, Fr. **20**, 211 (1881)]. Angaben über die Löslichkeit der Ellagsäure in verschiedenen Lösungsmitteln finden sich bei Alpers, Ar. **244**, 588 (1906), Rembold, A. **143**, 288, Anm. (1867) und in den D. R. P. 137 033, 137 034 (1901) u. 133 458 (1904); Winther, l. c. S. 548. Die unlösliche Ellagsäure schlägt sich bei der Gerbung häufig auf die Oberfläche der Haut als „Blume" nieder (Löwe).

[1]) A. G. Perkin, M. Nierenstein, Soc. **87**, 1412 (1905).
[2]) Fridolin, Diss. Dorpat, 1884; Rembold, A. **143**, 285 (1867).

erste Fraktion (C 52,4, H 3,4) ist in 13 proz. Kochsalzlösung nicht klar löslich. Die 3 letzten Fraktionen (C 50,9, H 3,4) lösen sich auch in gesättigter Kochsalzlösung klar auf.

Der Gerbstoff fällt Leim und färbt Eisensalze blauschwarz. Zur Hydrolyse hat Fridolin mit 15 Teilen 1,5 proz. Schwefelsäure 4 Tage lang auf 100° erhitzt. Er erhielt 54—66% Ellagsäure, einen vergärbaren Zucker und 2—3% eines krystallinischen, ätherlöslichen Spaltstückes, das vielleicht Gallussäure war. Ein Ellagsäuremonoglucosid (C 51,8, H 3,5) würde 65%, ein Diglucosid (C 48,4, H 4,1) 47% Ellagsäure verlangen.

Rembold fällte den heiß bereiteten wäßrigen Auszug der Granatwurzelrinde mit neutralem Bleiacetat in 2 Fraktionen. Die Niederschläge wurden mit Schwefelwasserstoff zerlegt. Die erste Fraktion enthielt neben Ellagengerbstoff einen Gallusgerbstoff. Die zweite Portion ließ sich, besonders wenn sie noch einmal der gleichen Reinigung unterworfen wurde, völlig frei von gebundener Gallussäure gewinnen und gab bei der Hydrolyse mit Schwefelsäure, die auffallend langsam vonstatten ging, nur Ellagsäure und Zucker. Der Gerbstoff war unlöslich in Alkohol, färbte Eisenchlorid schwarz und fällte Leim. Die Zusammensetzung betrug C 51,8, H 3,3. Rembold vermutet in seinem Gerbstoffe die Verbindung von je einem Mol Ellagsäure und Hexose. Dazu stimmt Fridolins Hydrolysenergebnis einigermaßen.

**Gerbstoff aus Castanea vesca.** Den Gerbstoff der Edelkastanie haben Curtius und Franzen[1]), die ihm bei der Untersuchung der Bestandteile grüner Pflanzen begegnet sind, kurz charakterisiert.

Der heiß bereitete wäßrige Blätterauszug, aus dem durch Wasserdampfdestillation die flüchtigen Bestandteile entfernt sind, bleibt zur Klärung unter Toluol mehrere Tage stehen. Er wird abgehebert und heiß mit Bleiacetatlösung versetzt, solange noch ein Niederschlag entsteht. Dieser wird dekantiert, bis das Waschwasser farblos ist. 2 kg des feuchten Bleiniederschlags, aus 40 kg frischen Blättern bereitet, werden in 15 l Wasser verteilt und unter Rühren erst kalt, dann bei 80—90° durch Schwefelwasserstoff zerlegt. Das Schwefelblei wird abgesaugt, ein kolloidal

---

[1]) Sitzungsber. d. Heidelb. Akad. Math. Naturw. Kl. 1916.

gelöster Anteil desselben durch weiteres Erhitzen und Umschütteln ausgeflockt und das Filtrat im Vakuum auf 1 l eingeengt. Die Flüssigkeit wird unter Rühren in 10 l Alkohol getropft, von einem Niederschlag getrennt, im Vakuum auf 500 ccm eingeengt und unter Rühren in 9 l Äther eingegossen. Nach einer halben Stunde wird der Niederschlag abgetrennt und eine weitere halbe Stunde mit 1,5 l Äther durchgerührt. Nach nochmaligem Anrühren mit frischem Äther wird schnell abgesaugt, im Vakuum getrocknet, in 500 ccm Wasser durch längeres Schütteln gelöst, filtriert und im Vakuum zur Trockene gebracht. Die Ausbeute beträgt 120 g.

4 kg frische Edelkastanienrinde (Mai) werden zerkleinert und bei 100° erst 4 Stunden mit 8 l, dann 4 Stunden mit 4 l Wasser ausgezogen. Der Abguß wird mit Bleiacetat gefällt, der Niederschlag in 3 l Wasser aufgeschlämmt und mit Schwefelwasserstoff zersetzt, die Flüssigkeit im Vakuum auf 250 ccm gebracht, in 5 l Alkohol getropft, nach der Filtration wieder im Vakuum auf 250 ccm eingeengt und unter Rühren in 10 l Äther getropft. Der Niederschlag wird noch 2 mal mit Äther durchgearbeitet und wiegt trocken 50 g.

Der Blätter- und Rindengerbstoff sind nicht voneinander zu unterscheiden. Die Hydrolyse mit 5 proz. Schwefelsäure (72 Stunden, 100°) ergab 30% dunkle, kohlige Massen; das Filtrat wurde mit Äther erschöpft, der Spuren von Gallussäure, ferner Ellagsäure aufnahm. In der ausgeätherten Flüssigkeit wurde Glucose nachgewiesen. Ob dieselbe einem Tanningerbstoffe angehört oder einem Glucosid, ist ebenso unentschieden wie die Frage, ob die vorgefundene Ellagsäure und Gallussäure dem eigentlichen Gerbstoffe oder Beimengungen entstammen.

Der Gerbstoff ist stark sauer. Eisenchlorid wird tief dunkelgrün bis blau gefärbt.

Trimble[1]) stellt den Gerbstoff dar, indem er das Holz oder die Rinde der Edelkastanie mit alkoholhaltigem Äther (0,750) oder Aceton extrahiert. Der Destillationsrückstand wird in Wasser, das 10% Alkohol enthält, aufgenommen, die Lösung ausgeäthert, der Gerbstoff mit Essigäther extrahiert und dieser verdampft. Der zurückbleibende Gerbstoff wird diesem Reinigungs-

---

[1]) The Tannins II, Philadelphia 1894.

prozeß wiederholt unterworfen, bis er sich leicht in Wasser löst. Die Eisenreaktion ist blau. Ellagsäure wird von Trimble nicht erwähnt. Holz- und Rindengerbstoffe zeigen keinen Unterschied[1]).

Naß[2]) gewann den Gerbstoff aus käuflichem Kastanienholzextrakt durch fraktionierte Fällung mit Kochsalz und Ausschütteln mit Essigäther. Die Kalischmelze ergab Protocatechusäure, kein Phloroglucin. Die Hydrolyse führte er durch 36stündiges Kochen mit 20—30 Teilen 2proz. Schwefelsäure aus. Er erhielt sehr geringe Mengen Ellagsäure, die er als eine Beimengung des Gerbstoffes anzusehen scheint.

Neuerdings haben Freudenberg und Walpuski[3]) aus dem Holze der Edelkastanie einen Gerbstoff gewonnen, der Ellagsäure als wesentlichen Bestandteil enthält.

**Andere Ellagengerbstoffe.** In den Früchten von Terminalia chebula (Myrobalanen) befindet sich neben der von Fridolin entdeckten Chebulinsäure ein anderer Gerbstoff, der leicht Ellagsäure abspaltet und deshalb als ein Glucosid derselben angesehen wird. Die Trennung dieses Gerbstoffs von der Chebulinsäure und ihren Begleitstoffen ist Fridolin ebensowenig wie späteren Autoren[4]) gelungen. Die bei der Hydrolyse neben der Ellagsäure entstehende Gallussäure ist deshalb mindestens zum Teil auf die Rechnung der beigemengten Chebulinsäure zu setzen[5]).

Die Gerbstoffe aus den Früchten von Caesalpinia brevifolia (Algarobilla) und Caesalpinia coriaria (Divi-divi) enthalten gleichfalls große Mengen teils freier, teils gebundener Ellag-

---

[1]) Trimble, Chem. News **67**, 7 (1893).

[2]) Diss. Dorpat 1884.

[3]) Unveröffentlicht.

[4]) Zölffel, Ar. **229**, 155 (1891); Nierenstein, C. 1905 I 701, II 527.

[5]) Eine neuere Arbeit von Nierenstein vermochte die Frage gleichfalls nicht zu fördern [B. **43**, 1267 (1910)]. Nierenstein hat ebensowenig wie Zölffel die Gegenwart der Chebulinsäure bedacht. Diese Versuche sind ebenso zu bewerten wie die zahlreichen Untersuchungen des gleichen Verfassers über die Galläpfeltannine, die inzwischen durch E. Fischer und seine Mitarbeiter in allen Punkten widerlegt wurden [vgl. u. a. Rosenmund, Zetzsche, B. **51**, 602 (1918)]. Zu der hier erwähnten Arbeit Nierensteins ist zu bemerken, daß die „Luteosäure" als nicht erwiesen zu betrachten ist [vgl. hierzu Nierenstein selbst, B. **45**, 365 (1912)]. Weitere Abhandlungen Nierensteins: Collegium **1905**, 65 über Quebrachogerbstoff, A. **396**, 194 (1913) über Catechin und Soc. **115**, 662 (1919) über den Gerbstoff der Hemlocktanne.

säure. Daneben findet sich gebundene Gallussäure, und auch Gegenwart von Zucker ist wahrscheinlich gemacht. Versuche zur Darstellung dieser Gerbstoffe sind verschiedentlich angestellt worden[1]). Sie werden hier nicht wiedergegeben, denn diese Gerbstoffe sind sicher Gemische und dem Rohprodukt aus Myrobalanen so ähnlich, daß hier die gleichen Verhältnisse wie bei den Myrobalanen angenommen werden müssen. Solange nicht darauf hingearbeitet wird, den Ellagengerbstoff aus diesen Gemischen in unveränderter Form[2]) so abzuscheiden, daß sein Ellagsäuregehalt bei der weiteren Fraktionierung konstant bleibt (ähnlich wie Gilson es beim Glucogallin und Tetrarin durchgeführt hat), bleibt die Frage offen, ob die bei der Hydrolyse neben der Ellagsäure entstehende Gallussäure zu dem Ellagengerbstoffe gehört oder nicht.

Gerbstoffe aus Nymphaea und Nuphar, die Fridolin[3]) ähnlich wie den Gerbstoff des Granatbaumes abgeschieden hat, liefern bei der Hydrolyse ähnliche Ergebnisse wie die Cäsalpiniagerbstoffe.

Der Gerbstoff aus Polygonum Bistorta scheidet nach Bjalobrsheski[4]) mit verdünnter Salzsäure Ellagsäure ab und färbt Eisenchlorid grün.

Der Gerbstoff aus den Blättern der Hainbuche (Carpinus Betulus) ist ähnlich wie die Cäsalpiniagerbstoffe zu bewerten. Alpers suchte ihn folgendermaßen zu gewinnen[5]):

Die Blätter werden 2 Tage mit Weingeist von 40 Volumprozenten ausgezogen. Der Gerbstoff wird mit überschüssigem Bleiacetat gefällt, der Niederschlag mit Wasser dekantiert, gut ausgewaschen und noch naß mit Schwefelwasserstoff zerlegt. Das

---

[1]) Löwe, Fr. **14**, 35 (1875); Zölffel, Ar. **229**, 123 (1891); Fridolin, Diss. Dorpat (1884).

[2]) Zölffel, [Ar. **229**, 158 (1891)] hat einen ähnlichen Versuch unternommen, indem er das Gemisch mit verdünnter Schwefelsäure teilweise hydrolysierte. Er gelangte zu einem Ellagengerbstoff, der bei weiterer Einwirkung der Säure keine Gallussäure mehr abspaltete. Es kann jedoch kaum angenommen werden, daß der Ellagengerbstoff nach dieser Behandlung unverändert geblieben ist. Die langsame Abspaltbarkeit der Ellagsäure aus dem zurückbleibenden Gerbstoffe ist sehr beachtenswert.

[3]) l. c.

[4]) Ch. Ztg. Rep. 1900, 87.

[5]) Ar. **244**, 575 (1906).

Filtrat vom Schwefelblei wird mit Kohlensäure vom Schwefelwasserstoff befreit und in 2 Fraktionen mit Bleiacetat gefällt. Die erste Fällung wird verworfen, die zweite wie oben beschrieben behandelt und noch 2mal demselben Reinigungsprozeß unterworfen. Schließlich wird der Gerbstoff bei gewöhnlicher Temperatur im Vakuum eingetrocknet.

Wird dieser noch wasserhaltige Gerbstoff auf 100° erhitzt, so löst er sich nicht mehr klar in Wasser und Ellagsäure bleibt zurück. Ellagsäure spaltet sich auch ab, wenn die wäßrige Lösung des Gerbstoffes auf 100° erhitzt wird. Das Filtrat ist optisch inaktiv. Gleichzeitig wird Gallussäure frei. Ob sie mit der Ellagsäure verbunden ist, wurde nicht festgestellt. Zucker konnte auch nach der Einwirkung verdünnter Säuren nicht nachgewiesen werden.

Bemerkenswert ist hier die Leichtigkeit, mit der die Ellagsäure abgespalten wird. Es ist möglich, daß dieselbe teilweise in freiem Zustande beigemengt ist und durch die gerbstoffhaltige Flüssigkeit in kolloidaler Lösung gehalten wird[1]).

# B. Kondensierte Gerbstoffe und gerbstoffartige Verbindungen (mit zusammenhängendem Kohlenstoffgerüst).

## 1. Einfachere aromatische Oxyketone.

Als einfache Vertreter dieser Klasse sind zu nennen: Das schon erwähnte Cotoin[2]) und seine analogen Begleiter; ferner

**Phloretin**

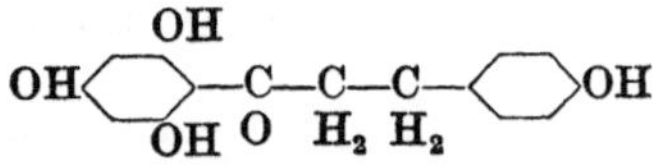

$$\text{OH}\langle\bigcirc\rangle\!\!-\!\!\underset{\text{O}}{\text{C}}\!-\!\underset{\text{H}_2}{\text{C}}\!-\!\underset{\text{H}_2}{\text{C}}\!-\!\langle\bigcirc\rangle\text{OH}$$

(mit OH, OH am linken Ring; OH oben)

**Naringenin[3])**

$$\text{HO}\langle\bigcirc\rangle\!\!-\!\!\underset{\text{O}}{\text{C}}\!-\!\underset{\text{H}}{\text{C}}\!=\!\underset{\text{H}}{\text{C}}\!-\!\langle\bigcirc\rangle\text{OH}$$

(mit OH, OH am linken Ring; OH oben)

---

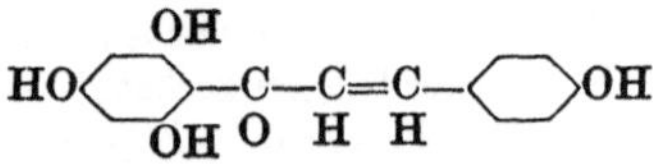

[1]) Vgl. hierzu S. 106, Anm.

[2]) S. 41. Literatur: Meyer-Jacobson II, 2, 96 (1903).

[3]) Literatur: Richter-Anschütz, 11. Aufl., 2. Bd. 601, 691 (1913).

**Eriodictyol**[1])

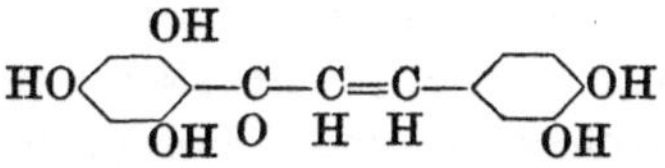

und seine Monomethylderivate **Hesperetin**[1]) und **Homoeriodictyol**[1]),
sowie **Butein**[1])

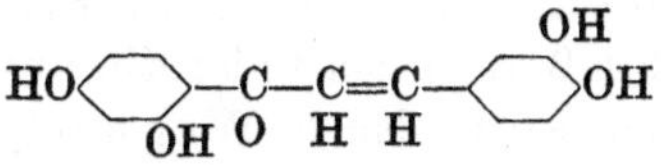

das ein Resorcinderivat ist.

**Maclurin.** Dieses Pentaoxybenzophenon

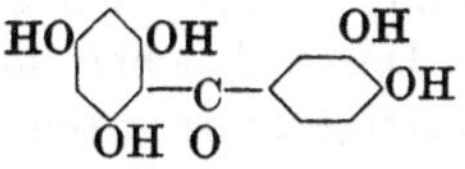

findet sich neben dem färbenden Bestandteil, dem Morin, im
Gelbholze. Nach Hlasiwetz und Pfaundler[2]) wird das geraspelte Holz 2—3 mal mit Wasser ausgekocht, das Filtrat auf
die Hälfte des Gewichts des angewendeten Holzes eingeengt und
nach mehreren Tagen vom ausgeschiedenen Morin[3]) getrennt.
Nach weiterer Konzentration beginnt die Abscheidung des Maclurins, die durch Zugabe von etwas Salzsäure, in der der Gerbstoff schwer löslich ist, vervollständigt wird. Er wird aus verdünnter Salzsäure umkrystallisiert, in sehr verdünnter Essigsäure gelöst und mit Bleiacetat versetzt, solange sich noch
kein Bleiniederschlag bildet. Durch Schwefelwasserstoff wird
außer dem Blei eine stark gefärbte Verunreinigung niedergeschlagen, und das Filtrat liefert nunmehr eine sehr hellgelbe Krystallisation von Maclurin. Delffs gibt an, farblose (?) Krystalle
zu erhalten, indem er den Gerbstoff mehrmals aus Wasser umkrystallisiert und jedesmal sofort abpreßt[4]).

Maclurin wird durch neutrales Bleiacetat nur unvollständig
gefällt[5]). Wie in Salzsäure, löst sich das Maclurin sehr schwer
in Natriumchloridlösung[6]). Es wird bei 14° von 190 Teilen
Wasser aufgenommen[7]). Die Lösung fällt Leim und färbt Eisen-

---

[1]) Literatur: wie Navingenin; vgl. S. 44.
[2]) A. **127**, 352 (1863).
[3]) Formel S. 129.
[4]) Denkschrift Chelius, Heidelberg (1862).
[5]) A. G. Perkin, Cope, Soc. **67**, 943 (1895).
[6]) Löwe, Fr. **14**, 118 (1875).
[7]) Benedikt, A. **185**, 114 (1877).

chlorid grün. Die Molekulargewichtsbestimmung in Eisessig ergibt den normalen Wert[1]. Sehr starke heiße Kalilauge zerlegt es in Protocatechusäure und Phloroglucin (Hlasiwetz und Pfaundler, vgl. S. 44). Benedikt (l. c.) gibt an, daß verdünnte Schwefelsäure bei 120° eine glatte Spaltung in demselben Sinne bewirkt, und daß auch das Phloretin unter den gleichen Bedingungen gespalten wird. Nach Wagner[2] scheidet sich aus der kalten Lösung des Maclurins in konzentrierter Schwefelsäure nach einigen Tagen ein ziegelroter krystallisierter Körper aus. Dieselbe Verbindung bildet sich auch beim Kochen mit verdünnter Salzsäure. Durch Kochen mit konzentrierter Salzsäure entstehen humusartige Substanzen.

Maclurin bildet ein schwer lösliches Bromderivat und eine charakteristische Disazobenzolverbindung[3]. Die 5 freien Hydroxyle des Maclurins wurden nachgewiesen durch die Darstellung einer Pentabenzoyl[4]- und Pentamethylverbindung[5]. Die letztere wurde von Kostanecki und Tambor[6] aus Veratroylchlorid und Phloroglucintrimethyläther mit Aluminiumchlorid synthetisch bereitet. Sie liefert bei der Oxydation mit Chromsäure in Eisessig Veratrumaldehyd, Veratrumsäure und Dimethoxybenzochinon[5]. Das Monobromsubstitutionsprodukt der Methylverbindung läßt sich durch Zinkstaub und Alkali in alkoholischer Lösung glatt von Brom befreien[7]. Diese beiden letzten Reaktionen sind von Wichtigkeit für die Kenntnis des Catechins geworden.

Die Acetylierung mit kochendem Essigsäureanhydrid und Natriumacetat (5 Stunden) führt statt zur erwarteten Pentacetylverbindung zu einem Kondensationsprodukt[1], das sich vom Cumarin ableitet:



Die Synthese des Maclurins ist bereits beschrieben (S. 72).

---

[1] Ciamician u. Silber, B. **27**, 1627 (1894).

[2] J. pr. **51**, 82 (1850). Vgl. S. 40.

[3] Weselsky, B. **9**, 216 (1876); Bedford u. A. G. Perkin, Soc. **67**, 933 (1895); Perkin, Soc. **71**, 186 (1897); vgl. S. 63.

[4] König u. Kostanecki, B. **27**, 1994 (1894).

[5] Kostanecki u. Lampe, B. **39**, 4014 (1906); vgl. S. 117.

[6] B. **39**, 4022 (1906).

[7] Kostanecki u. Lampe, B. **40**, 4910 (1907).

## 2. Catechine, ihre zugehörigen amorphen Phloro-glucingerbstoffe und Gerbstoffrote.

Die Bezeichnung der einzelnen Catechine wird im folgenden, soweit noch keine Namen geprägt sind, an das Vorkommen angelehnt. Unter Gambircatechin oder Catechin schlechthin wird das von Perkin mit Catechin b bezeichnete verstanden. Das andere aus Gambir gewonnene Catechin, von Perkin mit „c" bezeichnet, behält seinen Namen. Für Perkins Catechin a aus Acacia nehme ich den von ihm eingeführten Namen Aca-catechin an. Diese 3 Catechine sind farblos und vermögen im Gegensatz zu den ihnen nahestehenden Flavonfarbstoffen und Anthocyanidinen keine Oxoniumsalze mit Mineralsäuren zu geben (A. G. Perkin). Methyläther, ferner Glucoside bzw. Rhamnoside sind bis jetzt noch nicht beobachtet, aber zu erwarten.

**Gambircatechin** bildet einen Bestandteil des in großen Blöcken oder kleinen Stücken eingeführten Block- oder Würfelgambirs, des eingedickten Saftes aus Zweigen und Blättern malaischer Lianen, vorwiegend aus Uncaria Gambir. Es ist darin begleitet von Quercetin[1]) und einem grün fluorescierenden Körper[2]), sowie großen Mengen von amorphem Gambirgerbstoff.

Clauser vermischt gepulverten Würfelcatechu, der etwa 14% Wasser enthält, mit der gleichen Menge Sand und extrahiert im Soxhletapparat 15—18 Stunden mit Äther. Dieser wird verjagt, der Verdampfungsrückstand mit wenig Wasser verrührt und das auskrystallisierende Catechin 2 mal aus der 4fachen, dann unter Benutzung von Tierkohle aus der 18fachen Menge Wasser umkrystallisiert. Die Ausbeute beträgt gegen 20%[3]).

Perkin und Yoshitake[4]) extrahieren das fein gepulverte Material mit der 10fachen Menge heißem Essigäther, lösen das Rohprodukt in heißem Wasser und fällen so lange mit Bleiacetatlösung, als noch ein gefärbter Niederschlag entsteht. Das farblose Filtrat wird mit Schwefelwasserstoff entbleit, das ausfallende Catechin an der Luft getrocknet oder aus 25 proz. Alkohol umkrystallisiert und in 10 Teilen Essigäther gelöst. Nach Zusatz

---

[1]) A. G. Perkin, Soc. **71**, 1136 (1897).
[2]) K. Dietrich, B. pharm. Ges. 1897.
[3]) B. **36**, 102 (1903).
[4]) Soc. **81**, 1160 (1902); Pk. 464.

von 6 Teilen heißem Benzol wird mit Tierkohle gekocht und rasch filtriert. Beim Erkalten krystallisiert das Catechin aus.

Dieses Gambircatechin hat Kostanecki und seinen Mitarbeitern als Material für ihre bekannten Untersuchungen gedient. Sie haben für diesen Gerbstoff die Formel

$$HO\text{-}C_6H_2(OH)\text{-}C(HOH)\text{-}C_6H(HO)(OH)\text{-}O\text{-}CH_2\text{-}CH_2$$

aufgestellt[1]), die sicher noch nicht endgültig ist, aber dennoch bei der Wiedergabe von Kostaneckis Versuchen als Unterlage dienen soll. Gambircatechin liefert bei der Kalischmelze (210—220°) Protocatechusäure, Phloroglucin und, dem Geruche nach, Essigsäure[2]). Gautier[3]) gibt statt Essigsäure Ameisensäure an. Die 5 Hydroxyle lassen sich acetylieren; mit Dimethylsulfat und Alkali werden erst die 4 phenolischen Hydroxyle methyliert und der entstehende Tetramethyläther

$$H_3CO\text{-}C_6H_2(OCH_3)\text{-}C(HOH)\text{-}C_6H(H_3CO)(OCH_3)\text{-}O\text{-}CH_2\text{-}CH_2$$

nimmt ein Acetyl auf[4]). Bei der weiteren Methylierung des Tetramethyläthers entsteht ein Pentamethyläther[5]). Aus dem Tetramethyläther bildet sich bei der Oxydation Trimethylcatechon[4])

$$H_3CO\text{-}C_6H_2(OCH_3)\text{-}C(HOH)\text{-}C_6H(H_3CO)(O)\text{-}O\text{-}CH_2\text{-}CH_2$$

das bei der Behandlung mit Permanganat Veratrumsäure liefert[5])

$$H_3CO\text{-}C_6H_3(OCH_3)\text{-}COOH$$

Perkin erhielt bei der Oxydation des Tetramethyläthers mit Permanganat dieselbe Säure neben Spuren von Dimethylphloro-

---

[1]) B. **39**, 4007 (1906).

[2]) A. G. Perkin, Yoshitake, Soc. **81**, 1167 (1902); Hlasiwetz, A. **134**, 118 (1865).

[3]) C. r. **85**, 752 (1877).

[4]) Kostanecki u. Tambor, B. **35**, 1867 (1902).

[5]) Kostanecki u. Lampe, B. **39**, 4007 (1906).

glucin[1]). **Kostaneckis** Reaktionsfolge entspricht der Oxydation von Maclurinpentamethyläther zu Veratrumsäure und Dimethoxybenzochinon

$$\text{H}_3\text{CO} \overset{\text{O}}{\underset{\text{O}}{\bigcirc}} \text{OCH}_3$$

(vgl. S. 114). Mit Brom bildet der Tetramethyläther ein Monobromderivat[2])

das ein Acetyl aufnimmt und ebenso wie der Tetramethyläther mit Kaliumpermanganat Veratrumsäure gibt. Auch aus dem Pentamethylcatechin läßt sich ein Monobromderivat gewinnen, das sich durch Oxydation in Tetramethylcatechon überführen läßt[3]). Aus einem Nitrocatechontrimethyläther wird durch Kaliumpermanganat eine Nitroveratrumsäure gewonnen[3]).

Durch Reduktion mit Natrium und Alkohol wird der Catechintetramethyläther an 2 Stellen angegriffen[4]):

---

[1]) Sekundär aus Dimethyl-phloroglucin-carbonsäure entstanden? Soc. **87**, 401 (1905).

[2]) **Kostanecki** u. **Krembs**, B. **35**, 2410 (1902).

[3]) **Kostanecki** u. **Lampe**, B. **39**, 4007 (1906).

[4]) **Kostanecki** u. **Lampe**, B. **40**, 720 (1907). **Anmerkung bei der Korrektur:** Dieses Produkt haben **Kostanecki** u. **Lampe** zu einem Pentamethylderivat methyliert, das sie als Pentamethoxy-äthyl-Diphenylmethan angesprochen haben. Neueste Untersuchungen haben ergeben, daß dieser Körper mit 3-, 4-Dimethoxy-2′, 4′, 6′-Trimethoxy-$\alpha$, $\gamma$-Diphenylpropan identisch ist, das aus Tutins Pentamethyleriodictyol durch Reduktion bereitet werden kann; die vorstehend mitgeteilten Umwandlungen des Catechins müssen demnach im Sinne des auf S. 9 mitgeteilten, nunmehr als richtig erwiesenen Catechinschemas umgedeutet werden. Vgl. K. **Freudenberg**, B. **53**, Oktoberheft (1920).

Die Reaktion hat Ähnlichkeit mit der unter den gleichen Bedingungen eintretenden Aufspaltung von Cumaron

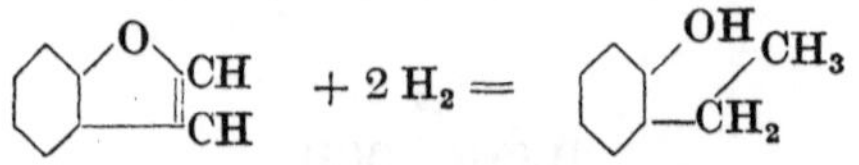

und ebenso mit der Reduktion von Diphenylcarbinol zu Diphenylmethan oder von Maclurinpentamethyläther zu dem entsprechenden Diphenylmethanderivat.

Catechintetramethyläther gibt mit Eisenchlorid und konzentrierter Schwefelsäure dieselbe Violettfärbung wie Cumaran[1]).

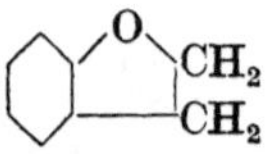

Monobromcatechintetramethyläther und das entsprechende Jodderivat lassen sich mit Zinkstaub und Alkali in den Tetramethyläther zurückverwandeln. Monobrom-maclurin-pentamethyläther

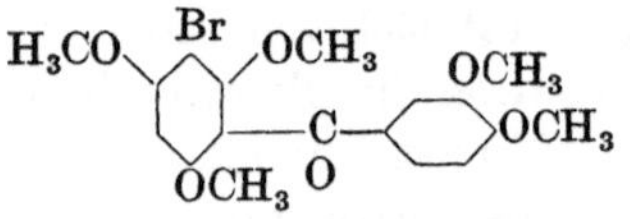

und Dibrom-phloroglucin-trimethyläther geben das Halogen ebenso glatt ab[2]), wodurch erneut wahrscheinlich gemacht wird, daß das Halogen in den Phloroglucinkern dieser methylierten Gerbstoffe eintritt.

Catechin bildet wie Maclurin und Cyanomaclurin ein krystallisiertes Dis-azobenzol-derivat[3]). Da die Azogruppen den Phloroglucinkern bevorzugen, veranschaulicht Kostaneckis Formel den Eintritt von 2 Gruppen nicht in ausreichender Weise, denn sie läßt nur an einer Stelle Raum für die Kuppelung. Gegen Kostaneckis Annahme eines zweifach substituierten Phloroglucins im Catechin spricht auch eine Beobachtung Ettis[4]) bzw. Perkins[5]), nach der das Catechin ebenso wie Maclurin, Phloretin und Hesperetin die Fichtenspansalzsäurereaktion auf Phloroglucin mit besonderer Leichtigkeit gibt. Nach Kostaneckis Formel ist auch schlecht verständlich, warum bei der Einwirkung

---

[1]) Kostanecki u. Lampe, B. **39**, 4007 (1906).
[2]) Dieselben, B. **40**, 4910 (1907).
[3]) S. S. 63).
[4]) M. **2**, 548 (1882).
[5]) Soc. **81**, 1164 (1902).

von Alkalien stets Phloroglucin selbst, und niemals ein Substitutionsprodukt desselben entsteht. Schließlich ist die erwähnte Entstehung von Phloroglucin-dimethyläther bei der Oxydation von Tetramethylcatechin nicht leicht mit Kostaneckis Auffassung zu vereinen. Vielleicht ist Perkin auf dem rechten Wege, wenn er die Konstitutionsformel des Catechins an das Quercetin anzulehnen sucht[1]).

Eine Formel der folgenden Art, die Kostanecki und Lampe zwar ablehnen[2]), bedeutet die zwanglose Vereinigung der Perkinschen Vorstellungen mit der zweifellos beachtenswerten Cumaranhypothese Kostaneckis und bietet zugleich die notwendige Möglichkeit verschiedener Isomerien sterischer und struktureller Art, die Kostaneckis Formel weniger leicht zuläßt:

Gambircatechin $C_{15}H_{14}O_6$

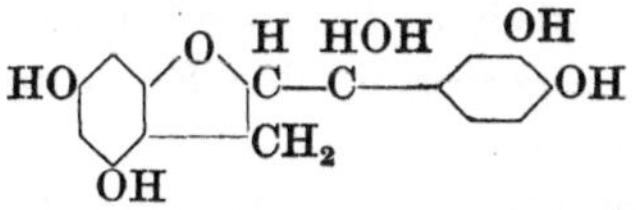

$$\text{HO}\!\!\diagup\!\!\diagdown\!\!\overset{\displaystyle O}{\phantom{.}}\!\!\overset{H}{C}\!\!-\!\!\overset{HOH}{C}\!\!-\!\!\diagup\!\!\diagdown\!\!\overset{OH}{\text{OH}} \quad ?$$

Gambircatechin ist farblos, in heißem Wasser leicht, in kaltem Wasser kaum löslich. Es krystallisiert aus Wasser mit 4 Mol Krystallwasser. Der Schmelzpunkt ist unsicher und scheint von der Art des Krystallisierens und des Trocknens abzuhängen[3]). Die Schmelzpunkte der freien Catechine sind deshalb nicht immer zu Vergleichszwecken geeignet. Daher werden hierfür die Methyl- und Acetylderivate empfohlen. Gambircatechin löst sich in Alkohol und, wenn wasserhaltig, in Essigäther und sehr vile Äther; bei 100° getrocknet, ist es in diesen beiden Lösungsmitteln praktisch unlöslich. Es ist optisch inaktiv. Bleiacetat erzeugt einen farblosen, Brom einen gefärbten Niederschlag, alkoholisches Kaliumacetat dagegen keine Fällung (Perkin, Yoshitake). Catechin absorbiert Ammoniak und gibt es im Vakuumexsiccator über Schwefelsäure wieder ab. So behandeltes Catechin löst sich auch in kaltem Wasser und krystallisiert alsbald wieder aus[4]).

---

[1]) Soc. **87**, 405 (1905). Pk. 451.

[2]) B. **39**, 4007 (1906). Kostaneckis Bedenken bestehen darin, daß aus Catechin nach dieser Formel intramolekular Wasser abspaltbar sein müßte, was sich nicht bewerkstelligen ließ.

[3]) Perkin, Soc. **81**, 1163 (1902); Soc. **87**, 398 (1905). Pk. 464.

[4]) Svanberg, Ann. d. Phys., **39**, 165 (1836). Die Herkunft des Catechins ist nicht angegeben.

Ferrisalz färbt die wäßrige Lösung dunkelgrün; die Farbe geht auf Zusatz von Natriumacetat in Tiefviolett über (Perkin, Yoshitake). Die heißbereitete, unterkühlte wäßrige Lösung fällt Leim[1]). Catechin wird auf der Haut fixiert[2]).

Beim Erhitzen der wäßrigen Lösung, auch bei Luftabschluß, verliert es die Fähigkeit zu krystallisieren und geht in einen leicht löslichen, amorphen Gerbstoff über, der durch Äther von unverändertem Catechin befreit werden kann[3]) und von dem anzunehmen ist, daß er im krystallinischen Zustande noch schwerer löslich wäre als das Catechin. Bei stärkeren Eingriffen, wie Kochen mit verdünnten Mineralsäuren, setzt sich ein weißlichrot bis rot gefärbter Niederschlag ab[4]) (Gerbstoffrot, Gambircatechinrot), der schließlich trotz seines amorphen Zustandes selbst in heißem Wasser oder wäßrigem Alkohol, sowie in Kalilauge unlöslich wird. Der lösliche Gerbstoff unterscheidet sich vom Catechin durch einen geringen, das Rot durch einen stärkeren Mindergehalt an Wasser.

In dem käuflichen Gambir und Catechu finden sich derartige Gerbstoffe und Gerbstoffrote gleichfalls vor. Da bei der Bereitung der Drogen am Gewinnungsort die wäßrigen Auszüge ohne Vorsichtsmaßnahmen eingekocht werden[5]), muß gefolgert werden, daß zum mindesten ein Teil des in den Extrakten vorhandenen Gerbstoffs und Gerbstoffrots nachträglich aus dem Catechin entstanden ist. Ob solche Produkte auch in dem frischen Pflanzenmaterial vorhanden sind, ist meines Wissens noch nicht festgestellt worden. Auch wenn dies der Fall sein sollte, darf angenommen werden, daß der Zusammenhang zwischen dem Catechin der Pflanze und dem begleitenden Gerbstoffe und Gerbstoffrot dem im Reagensglas nachgewiesenen ähnlich ist. Außer einfacher Wasserabspaltung können auch Oxydationsvorgänge die Ursache solcher Kondensationen sein.

[1]) Freudenberg, B. **53**, 236 (1920). Andere geben das Gegenteil an. Vielleicht ist für den Ausfall der Reaktion die Beschaffenheit der Gelatine maßgebend. Möglicherweise unterscheiden sich Aca- und Gambircatechin im Verhalten gegen Leim.

[2]) Sommerhof, Apostolo, Collegium 1914, 504.

[3]) Löwe, Fr. **12**, 285 (1873); Etti, A. **186**, 329 (1877).

[4]) Etti, l. c. Vgl. auch Aca-catechin S. 122.

[5]) Eine Ausnahme macht Indragiri-Gambir. Vgl. Wiesner, Rohstoffe, 3. Aufl., 1. Band, 611 (Leipzig, Berlin 1914). Auch Asahan-Gambir wird auf schonende Weise gewonnen.

Für die Erforschung der rotbildenden Gerbstoffe ergibt sich aus dem Beispiele des Catechins aufs deutlichste die Notwendigkeit, nach den kondensationsfähigen Grundformen zu suchen.

**Catechin c** ist in der wäßrigen Mutterlauge des Gambircatechins enthalten[1]). Nachdem dieses durch Krystallisation möglichst vollständig entfernt ist, wird aus den letzten Mutterlaugen durch Kochsalz eine braune zähe Masse abgeschieden und die klare Lösung mit Essigäther extrahiert. Das Lösungsmittel wird verjagt, der Rückstand in wenig heißem Wasser gelöst und mehrmals unter Zuhilfenahme von Tierkohle umkrystallisiert. Die Ausbeute ist minimal. Die lufttrockene Substanz enthält kein Krystallwasser und schmilzt unter Zersetzung bei 235—237°. Dieser Schmelzpunkt ist höher als irgendeiner der für Gambircatechin angegebenen; im übrigen ist die Übereinstimmung mit diesem groß, auch in der Kalischmelze. Dagegen weist das Azobenzolderivat einen anderen Schmelzpunkt auf, während die Acetylverbindungen der Azoderivate beider Catechine ungefähr gleich schmelzen (vgl. die Zusammenstellung S. 122). Die Zusammensetzung des Catechin c dürfte dieselbe sein wie die des Gambircatechins.

**Aca-catechin** nennt Perkin[2]) ein Catechin, das im Acacia-(Bengal- oder Pegu-) Catechu enthalten ist, der aus dem Holz der indischen Gerberakazie, Acacia catechu, stammt. Es ist im Rohmaterial mit Quercetin und seinem Rhamnosid, dem Quercitrin, vermischt[3]). Acacatechin wird von Perkin wie Gambircatechin gewonnen, jedoch erübrigt sich die Behandlung mit Bleiacetat. Lehmann[4]) gibt folgende Vorschrift: 1 Teil Pegucatechu wird in 8—10 Teilen heißem Wasser gelöst, die Flüssigkeit sogleich durch Leinewand geseiht und 8 Tage kalt gestellt. Der Niederschlag wird ausgepreßt und in 6 Teilen 30 proz. Alkohol gelöst. Nach dem Absitzen wird filtriert und ausgeäthert. Der Ätherrückstand wird in heißem Wasser gelöst, heiß filtriert und im Dunkeln an kaltem Orte mehrere Tage der Krystallisation

---

[1]) Perkin, Yoshitake, l. c. Pk. 463.
[2]) Soc. **81**, 1169 (1902).
[3]) Löwe, Fr. **12**, 127 (1873).
[4]) Diss. Dorpat 1880.

überlassen. Acacatechin hat dieselbe Zusammensetzung wie die
bisher beschriebenen Catechine, krystallisiert aber mit 3 Mol
Krystallwasser. In der Kalischmelze verhält es sich wie Gambircatechin, dem es in allen Reaktionen gleicht. Nur die Schmelzpunkte zahlreicher Derivate sind scharf unterschieden. In der
folgenden Übersicht[1]) bedeutet a: Acacatechin, b: Gambircatechin, c: Catechin c.

|  | a | b | c |
|---|---|---|---|
| Krystallwasser | 4 Mol | 3 Mol | keines |
| Pentacetyl- | 158—160° | 124—125° | |
| Pentabenzoyl- | 181—183° | 151—153° | |
| Dis-azobenzol- | 198—200° | 193—195° | 175—177° |
| Tetramethyl- | 152—154° | 144—146° | |
| Acetyl-tetramethyl- | 135—137° | 92—93° | |
| Triacetyl-dis-azobenzol | 227—229° | 253—255° | 250—253° |

Über das optische Verhalten des Acacatechins ist nichts mitgeteilt. Mit Salz- und Schwefelsäure entstehen in essigsaurer
Lösung Gerbstoffrote (Perkin). Der Tetramethyläther wird durch
Kaliumpermanganat zu Veratrumsäure und Spuren von Phloroglucin-dimethyläther aufoxydiert. Die Molekulargewichtsbestimmung der Pentacetyl- und Pentabenzoylverbindung gab in
erstarrendem Naphthalin die erwarteten Werte (Perkin). Mit
Kaliumferricyanid wird Acacatechin wie Gambircatechin in
Gegenwart von Alkaliacetat in einen amorphen, orangefarbenen,
schwerlöslichen Farbstoff verwandelt.

Acacetechin liefert bei der Kalischmelze nach Gautier[2])
neben Protocatechusäure und Phloroglucin wenig Ameisensäure,
Kohlensäure, etwas Wasserstoff und Methan. Mit verdünnter
Schwefelsäure entsteht bei 140° in 2stündiger Einwirkung neben
viel Phlobaphen etwas Protocatechusäure und wenig eines mehrwertigen Phenols. Das Phlobaphen gibt bei der Kalischmelze
Protocatechusäure. Gambircatechin verhält sich ebenso (Gautier).

**Rhabarber-catechin.** Das von Gilson[3]) isolierte rohe Catechin
wird in heißem Wasser mit kleinen Mengen einer verdünnten
Lösung von basischem Bleiacetat versetzt, bis der anfangs braune
Niederschlag hellgelb wird. Das Filtrat wird entbleit.

---

[1]) Perkin, Soc. **87**, 404 (1905).
[2]) C. r. **85**, 752 (1877).
[3]) l. c. 852 (vgl. S. 79).

Dieses Catechin stimmt in Zusammensetzung und Wassergehalt mit dem Gambircatechin überein und ist höchstwahrscheinlich mit ihm identisch.

**Paullinia-catechin**[1]). Die aus dem Samen von Paullinia cupana bereitete Guaranapaste wird mit Äther (D. 0.750) durch Maceration erschöpft, der Auszug bei niederer Temperatur zur Sirupkonsistenz gebracht und zuletzt im Vakuum eingetrocknet. Den Rückstand löst Kirmsse in viel warmem Wasser und filtriert nach dem Erkalten. Die Hälfte des Filtrats wird mit Bleiacetat ausgefällt, die andere Hälfte zugegeben und das Ganze nach einiger Zeit filtriert. Das Filtrat fällt er mit Bleiacetat völlig aus und zerlegt den gut ausgewaschenen Niederschlag unter Wasser das 5% Alkohol enthält, mit Schwefelwasserstoff. Aus dem im Vakuum stark eingeengten Filtrat krystallisiert das Catechin nach mehreren Tagen. Es wird in Äther gelöst und aus Wasser umkrystallisiert. Die Krystalle sind nach Kirmsse krystallographisch mit Acacatechin identisch. Der Krystallwassergehalt weist jedoch auf Gambircatechin hin. In der Elementarzusammensetzung scheint sich das Paulliniacatechin von diesen beiden Catechinen nicht zu unterscheiden.

Nach Goris und Fluteaux[2]) ist das Paulliniacatechin an Coffein gebunden. Die krystallinische Verbindung mit diesem Alkaloid läßt sich aus der Guarana ebenso gewinnen wie das Colatincoffein aus Colanüssen.

**Areca-catechin.** Nach Wackenroder[3]) wird zerriebenes Bengalcatechu, das aus der Betelpalme, Areca Catechu, gewonnen ist (?), mit 3 Teilen kaltem Wasser 24 Stunden lang maceriert. Der Rückstand wird 2 mal mit 8 Teilen Wasser ausgekocht. Die beim Erkalten sich abscheidenden Krystalle werden mit Tierkohle aus 6 Teilen Wasser umkrystallisiert. Dieses Catechin enthält Krystallwasser; entwässert bildet es eine amorphe Masse. Die Lösung färbt sich an der Luft, die Auflösung der Hausenblase wird nicht gefällt. Eisenchlorid erzeugt eine blaugrüne Färbung. Das Catechin ist gegen Säuren empfindlich.

---

[1]) Kirmsse, Ar. **236**, 129 (1898).
[2]) Bull. scienc. pharmacol. **17**, 599 (1910).
[3]) A. **31**, 73 (1839); Ar. **70**, 89 (1839); A. **37**, 306 (1841).

Vielleicht hat Wackenroder Acacatechin in Händen gehabt, denn Perkin und Yoshitake[1]) bestreiten das Vorkommen eines Catechins im Arecacatechu. Gautier[2]) versteht unter Bengal- und Acaciacatechu ein und denselben Stoff. Auch Wiesners[3]) Angaben über die Arecapalme machen es unwahrscheinlich, daß Wackenroder ein aus dieser Pflanze stammendes Material in Händen hatte.

**Mahagoni-catechin.** Cazeneuve[4]) extrahiert Mahagonispäne (Holz von Swietania Mahagoni) mit reinem kaltem Äther und krystallisiert das Gelöste aus Wasser um. Das Phenol paßt nach Zusammensetzung und Eigenschaften in die Reihe der Catechine und liefert wie diese bei der trockenen Destillation Brenzcatechin.

Ein Catechin ist vorhanden in der Rinde von Hymenaea Courbaril (Lokririnde)[5]); ferner sind solche Stoffe angetroffen worden in Angorophora intermedia[6]) und lanceolata[7]), in einem „Mangrove"extrakt unbekannter Herkunft[8]), sowie im Holze von Anacardium occidentale[9]). Ein catechinartiger krystallinischer Bestandteil des Malabarkinos (von Pterocarpus Masurpium) ist von Etti[10]) als Kinoin beschrieben, später aber nicht bestätigt worden[11]). Dagegen hat Perkin[12]) ein solches Produkt, das allerdings Farbstoffcharakter hatte, in Händen gehabt. Auch Smith[13]) erwähnt ein dem Catechin ähnliches Kinoin aus Malabarkino.

---

[1]) Soc. **81**, 1160 (1902).

[2]) C. r. **85**, 342 (1877); vgl. L. Lewin, Arecacatechu, Stuttgart 1889, S. 22. Nach Perkin (Pk. 463) ist Bengal- mit Acaciacatechu, Bombay- mit Arecacatechu identisch.

[3]) Rohstoffe, 3. Aufl., 1. Band, 604 (1919).

[4]) B. **8**, 828 (1875). Latour u. Cazeneuve, Rép. de Pharm. **14**, 419 (1875); Ar. **208**, 558 (1876).

[5]) v. d. Driessen - Mareeuw, Ned. Tijdschr. Pharm. **11**, 227 (1899).

[6]) Maiden, Pharm. Journ. (3) **21**, 27 (1891); Maiden, Useful native plants of Australia, 1889.

[7]) Maiden, Smith, Pharm. Journal (4) **1**, 261 (1895).

[8]) Pk. 439.

[9]) Latour, Cazeneuve, Bl. **24**, 118 (1875); Gautier, C. r. **85**, 342 (1877); C. r. **86**, 671 (1878); Bl. **30**, 567 (1878).

[10]) Wien. Ak. **78**, 561 (1878); B. **11**, 1879 (1878).

[11]) Vgl. Dkk. 373.

[12]) P. Ch. S. **12**, 167 (1897); Soc. **81**, 1173 (1902). Pk. 374.

[13]) Am. Journ. Pharm. **68**, 676 (1896); vgl. Jahresber. d. Pharm. **56**, 150 (1896).

In Eucalyptusarten scheinen krystallisierte Catechine häufig vorzukommen. Unter dem Namen **Eudesmin und Aromadendrin**[1]) haben Smith und Maiden solche Naturstoffe aus Eucalyptus beschrieben. Diese Stoffe finden sich in denjenigen Eucalyptuskinos, die in heißem Wasser löslich sind und sich beim Erkalten der Lösung zum Teil abscheiden.

Feingepulverter Kino aus Eucalyptus hemiphloia wird mit Äther in Gegenwart von wenig Wasser extrahiert. Beim Abdampfen des Äthers bleibt eine halbkrystallinische Masse, die in heißem absolutem Alkohol gelöst wird. Beim Erkalten krystallisiert Eudesmin. Die harzige Substanz, die von der Krystallisation des Eudesmin zurückbleibt, wird in kochendem Wasser gelöst. Beim Erkalten bildet sich ein Niederschlag, der sich beim Ausschütteln in Äther löst. Wenn der Äther verdampft, bilden sich an der Berührungsstelle mit dem Wasser Krystalle von Aromadendrin.

Zur Darstellung von Aromadendrin eignen sich besonders solche Kinos, die kein Eudesmin enthalten, z. B. Kino von Eucalyptus calophylla. Das aus Äther gewonnene Rohprodukt wird aus möglichst wenig Alkohol umkristallisiert.

Das krystallisierte Eudesmin (C 66,4%, H 6,4%) ist sauerstoffärmer als Gambircatechin (C 62%, H 4,8%). Es schmeckt sehr schwach süß, löst sich in heißem Wasser, in Alkohol, Eisessig, Amylalkohol, Äther, Essigester und auffallenderweise auch in Chloroform; es ist unlöslich in Benzol, Petroläther und Schwefelkohlenstoff. Der Schmelzpunkt liegt bei 99°. In konzentrierter Schwefelsäure löst es sich mit brauner Farbe, die purpurn wird. Mit Salpetersäure entsteht eine gelbe Lösung, die später gelbe Krystalle absetzt.

Aromadendrin kommt in der Zusammensetzung dem Gambircatechin gleich. Es ist farblos und verliert bei 120° Krystallwasser. Beim Erhitzen über den Schmelzpunkt (216°) bildet es Phlobaphen. Aromadendrin löst sich in heißem Wasser, in Äther, Alkohol, Essigäther und Amylalkohol; dagegen nicht in Chloroform. Die Lösung in konzentrierter Schwefelsäure ist gelb, in

---

[1]) Pharm. Journ. (4) **1**, 261 (1895); Am. Journ. Pharm. **67**, 575 (1895); Smith, Am. Journ. Pharm. **68**, 679 (1896); C. 1897 I, 170, 611; Soc. Chem. Ind. **15**, 787 (1896); Journ. Pharm. Chim. [6] **5**, 109 (1897); Jahresber. d. Pharm. **55**, 117 (1895); **56**, 150 (1896).

der Hitze orange. Mit Salpetersäure entsteht eine carmoisinrote Färbung. Fehlingsche Lösung wird reduziert. Die Ähnlichkeit mit Gambircatechin ist groß, Aromadendrin löst sich aber leichter in Wasser; Leim wird nicht gefällt[1]), Eisenchlorid gibt eine purpurbraune Färbung. Bei der Kalischmelze entstehen, wie nach Farbenreaktionen geschlossen wurde, Phloroglucin nud Protocatechusäure. Beim Erhitzen mit Glycerin bildet sich jedoch kein Brenzcatechin (Unterschied vom Gambircatechin). Kalilauge löst mit gelber Farbe.

**Colatin, Colatein und Colagerbstoff[2]).** Da die Colanüsse eine Oxydase enthalten, die das Colatin verändert, muß das frische Material einige Minuten auf 110° erhitzt werden (Goris); man kann es auch in Anilin von 110° tauchen[3]). Danach werden die Nüsse gepulvert und mit 80proz. Alkohol kalt extrahiert. Die Lösung wird im Vakuum zum Sirup eingeengt und dieser 3—4mal zur Entfernung von freiem Coffein und Harz mit Chloroform ausgeschüttelt. Die Flüssigkeit bleibt danach in Berührung mit dem Chloroform in der Kälte stehen und erstarrt nach einigen Tagen zu einem hellen Krystallblei. Die getrocknete Masse, eine Verbindung von Colatin mit Coffein, wird mit Chloroform ausgekocht, in 30proz. Alkohol heiß gelöst und über Schwefelsäure der Krystallisation überlassen.

Zur Entfernung von Coffein wird in wenig heißem Wasser gelöst und mit Chloroform ausgeschüttelt, bis dieses kein Coffein mehr aufnimmt. Aus der wäßrigen Schicht krystallisiert das Colatin aus. Zur Reinigung wird es in sehr viel Äther (0,720) gelöst; dabei bleibt neben Verunreinigungen das krystallisierte Colatein ungelöst. Der Äther wird verjagt, das zurückbleibende Colatin aus Wasser umkrystallisiert.

Die Elementarzusammensetzung des Colatins ist der des Gambircatechins nicht unähnlich, läßt sich aber nicht genau feststellen, weil das Präparat im Exsiccator oder bei höherer Temperatur dauernd an Gewicht abnimmt und sich dabei verändert.

---

[1]) Die gegenteilige Angabe im Chem. Zentralbl. 1897 I, 611 ist irrtümlich.

[2]) Goris, C. r. **144**, 1162 (1907); Ber. d. Pharm. Ges. **18**, 345 (1908); Goris u. Fluteaux, Bull. sc. Pharmacol. **17**, 599 (1910); Goris, ebenda, **18**, 138 (1912).

[3]) v. d. Driessen-Mareeuw, Pharm. Weekblad, **46**, 346 (1909).

Es geht, auch am Licht und besonders unter der Einwirkung von Oxydasen, sehr leicht in schwer lösliches Phlobaphen über. Colatin schmilzt bei 148° (bloc Maq.), löst sich schwer in kaltem Wasser und Äther, leicht in Alkohol, Aceton und Essigäther, nicht in Chloroform. Es ist optisch inaktiv. Eisenchloridlösung wird grün gefärbt, Ammoniak oder Natronlauge bewirken einen Farbenumschlag in Rot, Soda in Violett. Obwohl Colatin Kaliumcarbonat nicht zerlegt, rötet es blaues Lackmuspapier. Es reduziert die Fehlingsche Lösung, bildet Niederschläge mit Bleiacetat, Kaliumbichromat, Bromwasser und starker Gelatinelösung. Der Gelatineniederschlag löst sich in viel Wasser. Chinin und Eiweiß werden nicht gefällt.

Das Colatein hat gleichfalls Phenolcharakter, schmilzt wasserfrei bei 257—258° (bloc Maq.), löst sich in heißem Wasser, in Alkohol und Aceton, ist dagegen in Äther und Chloroform unlöslich. Es gibt die Vanillinsalzsäurereaktion auf Phloroglucin. Der Geschmack ist bitter. Eisenchlorid wird grün gefärbt.

Die Ähnlichkeit von Colatin und Colatein mit den Catechinen liegt auf der Hand. Dem entspricht auch die Beobachtung von Bernegau[1]), daß sich aus Colapräparaten leicht Phloroglucin gewinnen läßt. Das von Knox und Prescott[2]) nach der vorherigen Zerstörung der Fermente gewonnene amorphe Colatannin enthält nach Goris erhebliche Mengen Colatin und Colatein. Die Kalischmelze lieferte den amerikanischen Chemikern Protocatechusäure und Phloroglucin. Sie fanden auch, daß ihr Gerbstoff beim Erhitzen in wasserärmere Verbindungen, zuletzt in ein unlösliches Rot überging.

Die in den Nüssen vorhandenen Fermente führen die krystallinischen Gerbstoffe so leicht in amorphe Produkte über, daß aus Nüssen, die bei gewöhnlicher Temperatur getrocknet sind, nur amorphe Gerbstoffe und keine Spur dieser krystallisierten Catechine isoliert werden kann (Goris).

Auch die frischen Cacaosamen enthalten einen krystallisierten, an das Colatin erinnernden Bestandteil, das **Cacaol**[3]),

---

<sup>1</sup>) Ber. d. Pharm. Ges. **18**, 488 (1908).
<sup>2</sup>) Am. Soc. **20**, 34 (1898).
<sup>3</sup>) Ultée u. van Dorssen, Cultuurgids 1909, 2. Teil, Nr. 12; Mededeel. van het Algemeen Proefstation op Java, 2. Ser., Nr. 33.

das in Form seiner krystallisierten Coffeinverbindung isoliert wird.

1 kg frische, enthäutete Cacaosamen werden 2 Stunden mit 1 l 95 proz. Alkohol gekocht, getrocknet und zerkleinert. Die Bohnen verändern sich nun nicht mehr, da die Fermente zerstört sind. Jetzt wird erneut mit dem ersten alkoholischen Abguß ausgekocht und danach noch einmal mit 80 proz. Alkohol heiß ausgezogen. Nach dem Erkalten wird filtriert, unter vermindertem Druck zur Sirupkonsistenz eingekocht und mit Essigäther ausgeschüttelt. Der Essigäther hinterläßt, im Vakuum abgedampft, 3—5 g einer krystallisierten Verbindung von einem Mol Cacaol mit einem Mol Coffein, die mehrere Male aus Wasser umkrystallisiert wird und dann 5 Krystallwasser enthält. Das Salz ist leicht löslich in Alkohol und Aceton, ziemlich löslich in kaltem Wasser und Essigäther, wenig in Äther. Der warmen wässerigen Lösung entzieht Chloroform alles Coffein, und freies Cacaol krystallisiert aus.

Dieses Catechin löst sich in Wasser schwerer als seine Coffeinverbindung; es krystallisiert weniger schön als diese. Es zersetzt sich über 220°. Die wässerige Lösung färbt sich an der Luft, in Gegenwart von Alkalien absorbiert sie Sauerstoff; beim Ansäuern fällt ein unlösliches Rot von den gleichen Eigenschaften wie jenes, das statt des Cacaols in den Samen vorgefunden wird, wenn die Fermente nicht zerstört werden. Cacaol ist unlöslich in Chloroform und Äther, wenig löslich in kaltem, leicht in heißem Wasser, löslich in Essigäther, Alkohol und Aceton. Die halbprozentige wässerige Lösung gibt weder mit halbprozentiger Gelatinelösung noch mit Chininsulfat einen Niederschlag. Fehlings Lösung wird in der Hitze reduziert, Bleiacetat erzeugt einen weißen, Bromwasser einen gelben Niederschlag. Mit starker Salzsäure entsteht beim Erwärmen sofort eine Fällung. Die Analyse des freien Catechins, seiner Acetyl- und Coffeinverbindung läßt auf eine Zusammensetzung schließen, die am besten durch $C_{16}H_{16}O_6$ auszudrücken ist. Eine gut krystallinisierte Acetylverbindung entsteht, wenn das Cacaol mit der gleichen Menge Natriumacetat und 10 Teilen Essigsäureanhydrid eine Stunde gekocht wird. Sie schmilzt bei 153—154° und enthält 5—6 Acetyle.

**Cyanomaclurin.** Im Holze des in Indien heimischen Jackbaumes (Artocarpus integrifolia, eines Verwandten des Brotfruchtbaumes), befindet sich neben dem Gelbholzfarbstoffe Morin

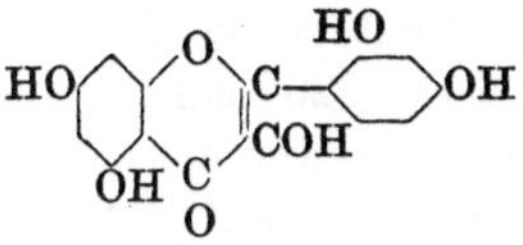

$$\text{HO}\underset{\overset{|}{\text{OH}}}{\bigcirc}\underset{\text{O}}{\overset{\text{O}}{\diagup}}\text{C}\overset{\text{HO}}{\underset{\text{COH}}{-}}\bigcirc\text{OH}$$

ein den Catechinen nahe verwandter, aber um 2 Wasserstoffatome ärmerer Stoff, den der Entdecker A. G. Perkin[1]) Cyanomaclurin genannt hat.

Das Holz wird 6 Stunden lang mit der 10 fachen Menge Wasser ausgekocht und der heiße Auszug mit der Lösung von neutralem Bleiacetat versetzt, solange noch ein Niederschlag entsteht. Nach mehrstündigem Stehen wird filtriert, die Lösung mit Schwefelwasserstoff vom Blei befreit und auf ein geringes Volumen eingedampft. Vollkommene Eintrocknung muß wegen der Zersetzlichkeit des Cyanomaclurins vermieden werden. Die dunkle Flüssigkeit wird mit viel Kochsalz versetzt, das eine zähe, braune Masse niederschlägt. Das leicht gefärbte Filtrat wird mit viel Essigäther erschöpft und der Auszug abgedampft. Aus der konzentrierten Lösung scheiden sich beim Erkalten Krystalle ab, die mit einem Harze durchsetzt sind. Sie werden scharf abgepreßt, mit wenig Essigäther angerieben und abgesaugt. Die feinzerriebenen Krystalle werden in Portionen von 15 g in 50 ccm warmes Wasser eingetragen, abgesaugt und in gleicher Weise nachbehandelt, bis das Filtrat nahezu farblos abläuft. Das beinahe weiße Präparat wiegt etwa 6 g. Die Mutterlaugen krystallisieren nicht beim Einengen, sie müssen mit Kochsalz gesättigt, mit Essigäther ausgeschüttelt und in der oben beschriebenen Weise verarbeitet werden.

Cyanomaclurin ($C_{15}H_{12}O_6$) enthält kein Krystallwasser, wird bei hoher Temperatur dunkel und ist bei 290° noch nicht geschmolzen. Es gibt wie die Catechine mit Salzsäure und dem Fichtenspan die Phloroglucinreaktion, und zwar so schnell wie Phloroglucin selbst. Die Eisenchloridreaktion ist violett wie beim Resorcin. Die Substanz ist nicht leicht löslich in Alkohol, Essigäther, verdünnter Essigsäure und Wasser. Schwefelsäure löst mit schon roter Farbe. Geringe Mengen geben, mit wäßrigem Alkali erhitzt, eine indigoblaue Lösung, die über grün in braungelb umschlägt. Cyanomaclurin wird von basischem Bleiacetat

---

[1]) Perkin u. Cope, Soc. **67**, 937 (1895); Perkin, Soc. **87**, 715 (1905).

gefällt, von neutralem dagegen nicht. Eiweiß wird nicht gefällt. Methoxylgruppen sind nicht vorhanden. Mit Ätzkali und wenig Wasser $1/_2$ Stunde auf $200—220°$ gehalten, liefert es Phloroglucin und $\beta$-Resorcylsäure neben etwas aus der letzteren entstehendem Resorcin. Der Zusammenhang mit dem Morin, das die gleichen Spaltstücke liefert, liegt auf der Hand. In der entsprechenden Weise liefert das Gambircatechin und das es begleitende Quercetin Phloroglucin und Protocatechusäure. Cyanomaclurin ist ein um 2 Wasserstoffatome ärmeres Catechin als das genannte und nähert sich damit schon den Pflanzenfarbstoffen, obwohl es farblos ist und keine färberischen Eigenschaften besitzt.

Mit Diazobenzolsulfat (2 Mol) entsteht in Gegenwart von Kaliumacetat ein krystallisiertes Dis-azoderivat, das sich in eine krystallisierende Acetylverbindung überführen läßt, die wahrscheinlich 3 Acetyle enthält und ebenso wie die Azoverbindung den entsprechenden Derivaten des Gambircatechins sehr ähnlich ist.

Pentacetylcyanomaclurin entsteht beim Eintropfen von 8,5 g Acetylchlorid in eine mit Kältemischung gekühlte Lösung von 2 g der Substanz in 30 g Pyridin. Nach 10 Minuten wird in Eis gegossen, der Niederschlag auf Ton getrocknet und in einem warmen Gemisch von Aceton und Alkohol gelöst, aus dem das Acetylderivat als zähe Masse ausfällt und schließlich krystallisiert. Die Molekulargewichtsbestimmung im schmelzenden Naphthalin ergab zum Pentacetylderivat stimmende Zahlen.

In entsprechender Weise wird das leichter krystallisierende Pentabenzoylderivat bereitet. Die Mischung von 1 g Cyanomaclurin, 15 g Pyridin und 11,5 g Benzoylchlorid bleibt 12 Stunden stehen. Die beim Eingießen in Wasser sich abscheidende harzige Masse krystallisiert aus Alkohol bzw. Acetonalkohol. Die Molekulargewichtsbestimmung wurde wie beim Acetylderivat ausgeführt.

Mit Mineralsäuren entstehen aus Cyanomaclurin je nach der Einwirkungsdauer schwer- oder unlösliche, rotbraune Phlobaphene (bis zu 90% des angewendeten Gewichts), die dieselbe Zusammensetzung wie die entsprechenden Derivate der Catechine zeigen.

**Rinden- und Holzgerbstoff der Eiche. Eichenrot.** Die zahlreichen Versuche, ein zur Untersuchung geeignetes Präparat zu isolieren, haben nicht zum gewünschten Ergebnis geführt. Sie sollen trotzdem ausführlich mitgeteilt werden, einmal wegen der Wichtigkeit des Stoffes, zum anderen, weil aus ihnen die Schwierigkeit, die diese Materie bietet, am deutlichsten hervorgeht und weil sie die beste Schilderung dieses eigentümlichen Gerbstoffes bieten.

Darstellung nach Etti[1]). Das Rindenparenchym wird mit sehr verdünntem Alkohol in gelinder Wärme erschöpft und der Auszug mit soviel Äther versetzt, daß Schichtenbildung eintritt. Durch oft wiederholtes Ausschütteln mit Essigäther wird der Gerbstoff der Lösung, die viel Eichenrot enthält, entzogen. Die Essigätherlösung wird unter vermindertem Druck eingeengt, abgeschiedene Ellagsäure abgetrennt und das Filtrat im Vakuum zur Trockene eingedampft. Der Rückstand wird zur Entfernung von Harz und Gallussäure mit Äther ausgezogen, mit einem Gemisch von 3 Teilen Essigäther und 1 Teil Äthyläther gelöst und von Eichenrot abfiltriert. Die Lösung hinterläßt, im Vakuum eingedampft, einen rötlich-weißen Gerbstoff, der Eisenchlorid bläut und in kaltem Wasser unvollständig löslich ist. Die weingeistige Lösung muß mit Bleiacetat einen weißlichgelben, nach dem Absetzen reingelben Niederschlag geben. Wenn Eichenrot beigemengt ist, so fällt der Niederschlag rötlichgelb aus.

Einen Gerbstoff von grüner Eisenreaktion stellt Etti[2]) folgendermaßen her: Der mit 20 proz. Alkohol gewonnene Parenchymauszug wird erschöpfend ausgeäthert, die alkoholisch-ätherische Lösung verdampft, der Rückstand in Wasser aufgenommen und filtriert. Die Lösung wird mit Benzol von harzigen Verunreinigungen befreit, mit wäßrigem Alkohol verdünnt und so lange mit kleinen Portionen einer Lösung von basischem Bleiacetat versetzt, bis die jedesmal entstehende Fällung eine gelbe Farbe annimmt. Das Filtrat wird mit alkoholischem Äther ausgeschüttelt und der Äther verdampft.

Darstellung nach Löwe[3]). Der kalt bereitete wäßrige Rindenauszug — Löwe hat wahrscheinlich die für Deutschland allein in Frage kommende Rinde von Quercus robur[4]) verwendet — wird

---

[1]) M. **1**, 265, 1880. Ob Etti bei den im folgenden beschriebenen Versuchen Quercus robur oder Quercus pubescens verwendet hat, konnte er später nicht mehr angeben [M. **10**, 647 (1889)]. An der gleichen Stelle widerruft Etti seine Arbeiten über den Hopfengerbstoff, die deshalb hier übergangen werden können.

[2]) M. **4**, 515 (1883).          [3]) Fr. **20**, 208 (1881).

[4]) Mit diesem gemeinsamen Namen werden die in Deutschland einheimischen Varietäten Qu. sessiliflora und Qu. pedunculata bezeichnet.

im Vakuum zum Sirup eingedampft und in 90proz. Alkohol aufgenommen. Aus der filtrierten Flüssigkeit wird der Alkohol abdestilliert, der Rückstand mit kaltem Wasser vermischt und die Lösung nach einigen Tagen abfiltriert, mit Natriumchlorid gesättigt und mehrere Tage im Dunkeln aufbewahrt. Der starke rotbraune Niederschlag, der zur Hauptsache aus Eichenrot besteht, wird abfiltriert und mit gesättigter Natriumchloridlösung gewaschen. Die vereinigten Kochsalzlösungen geben bei erschöpfender Behandlung an Äther Gallussäure und einen Gerbstoff ab, der in wäßriger Lösung erhitzt Ellagsäure absetzt. Die ausgeätherte Lösung wird mit Essigäther erschöpft. Da der Essigäther nur sehr wenig Gerbstoff löst, muß die Flüssigkeit sehr oft ausgeschüttelt werden. Das Lösungsmittel wird verjagt und der Rückstand mit soviel Wasser versetzt, bis bei weiterer Verdünnung kein neuer Niederschlag mehr entsteht; nach einigen Tagen wird filtriert und im Vakuum zur Trockene verdampft. Der Gerbstoff ist ein zimtfarbenes Pulver, das, bei 120° getrocknet, die Zusammensetzung C 56,8, H 4,4 hat. „Von kaltem Wasser werden Anteile davon erst unter Erweichen und teilweisem Zusammenballen aufgenommen." Ferrisalz wird schwarzblau gefärbt.

Darstellung nach Metzger[1]). Rinde oder Holz von Quercus robur wird mit Alkohol extrahiert und der Verdampfungsrückstand mit Wasser zum dicken Sirup angerührt. Diesen schüttelt Metzger erst mit Äther, dann mit Essigäther aus. Der Essigäther wird nur zum Teil abdestilliert und mit Wasser ausgeschüttelt, das den Gerbstoff aufnimmt. Der Gerbstoff ist leicht löslich in verdünntem Alkohol, schwerer in kaltem Wasser und in Essigäther. Eisensalz färbt er blau. Der Rindengerbstoff enthielt 55,4% C und 4,1% H; der Splint- und Kernholzgerbstoff 48,3% C und 4,5% H.

Trimble[2]) hat für amerikanische Eichenrinden, deren Gerbstoff in Essigäther leichter löslich ist als der von Quercus robur, folgendes Verfahren ausgearbeitet:

Das mit kaltem Aceton bereitete Percolat wird im Vakuum eingedampft, der Rückstand mit Wasser oder verdünntem Alkohol (0,975) gelöst, nach der Entfernung von Eichenrot und Quercitrin mit kaltem Wasser verdünnt, bis nichts mehr fällt, erneut

---

[1]) Diss. München 1896.

[2]) The Tannins II, Philadelphia 1894, S. 79.

filtriert und, gegebenenfalls nach Zusatz von Kochsalz, mit Essigäther ausgeschüttelt. Der Auszug wird unter vermindertem Druck eingedampft, die kalt bereitete wäßrige Lösung des Verdampfungsrückstandes filtriert, wieder mit Essigäther extrahiert und dieses Verfahren fortgesetzt, bis ein im Wasser klar löslicher Gerbstoff erhalten wird. Diesen löst Trimble in alkoholhaltigem Äther vom spez. Gewicht 0,750 und behandelt den Verdampfungsrückstand zur Entfernung von Harz und etwas krystallisierter Substanz mit absolutem Äther.

Dieses Verfahren lieferte bei verschiedenen nordamerikanischen Eichen hellgefärbte, eisengrünende Gerbstoffe. Am hellsten ist der Gerbstoff aus Quercus palustris. Die Gerbstoffe sind im Wasser, Alkohol, alkoholhaltigen Äther, Glycerin, Essigäther und Aceton löslich.

Bei der Übertragung des Verfahrens auf Quercus robur englischer Herkunft fiel Trimble die geringere Löslichkeit des Gerbstoffes in Wasser und Essigäther, sowie seine stärkere Farbe und blaugrüne Eisenchloridreaktion auf. Alle von Trimble untersuchten Eichenrindengerbstoffe wurden durch Bromwasser gefällt und färbten den Fichtenspan in Gegenwart von Salzsäure violett. Kalkwasser erzeugt in den Lösungen der Rindengerbstoffe einen Niederschlag, der sich rötlich färbt. Galläpfeltannin wird von Kalk blau gefällt.

Die Ausbeute an gereinigtem Gerbstoffe ist nach allen hier angeführten Verfahren unbefriedigend. Der eigentliche, rotbildende Gerbstoff ist mit Gallussäure, einem Ellagengerbstoffe und vielleicht einem Gallusgerbstoffe vermengt. Daher die verschiedenen Angaben über die Eisenfärbung. Dazu kommen verschiedene Zuckerarten und Quercit. Solange nicht das Gegenteil bewiesen ist, muß angenommen werden, daß der von verschiedenen Seiten hervorgehobene Unterschied zwischen dem Gerbstoffe der Rinde und des Kernholzes auf dem wechselnden Mengenverhältnis dieser Bestandteile beruht[1]).

Zahlreiche fremdländische Eichen enthalten die Farbstoffe Quercitrin und Quercetin.

Eichenrot. Die löslichen Gerbstoffe der Eiche sind in der Rinde und im Holze von einer überwiegenden Menge schwer-

---

[1]) Nach Böttinger wird der Holzgerbstoff durch Brom nicht gefällt. B. **20**, 761 (1887).

löslicher, roter bis rotbrauner Substanzen begleitet, dem Eichen-rot. Diese Stoffe werden vom löslichen Gerbstoff in großen Mengen in Lösung gehalten (Löwe). Ihre Abtrennung ist die hauptsäch-liche Aufgabe bei allen Darstellungsversuchen des Gerbstoffs.

Der lösliche Gerbstoff geht für sich in wäßriger oder ange-säuerter Lösung durch Erhitzen gleichfalls in unlösliches Eichenrot über, das je nach der Herstellung schwerlöslich oder unlöslich ist.

Gewinnung von Eichenrot. Löwe erhitzte den Gerbstoff in 1—2 proz. Schwefelsäure oder Oxalsäure 8 Tage auf 108—110°, wusch das ausgeschiedene Rot mit Wasser und kochte es nach dem Trocknen mit Alkohol aus, der fast alles ungelöst ließ. Das Präparat enthielt 60% Kohlenstoff und 4,2% Wasserstoff. Durch Erhitzen des Gerbstoffs mit Wasser allein (8 Tage auf 110°) erhielt er ein Rot von der gleichen Zusammensetzung.

Im Anschluß an seine Gerbstoffbereitung stellt Löwe das Rot aus dem Rindenauszug folgendermaßen dar: Der vom Kochsalz abgeschiedene Niederschlag (S. 132) wird mit wenig Wasser ge-waschen und in 90 proz. Alkohol gelöst; die Lösung bleibt nach Zugabe von 1% Oxalsäure 24 Stunden stehen; sie wird filtriert und mit dem 8—10fachen Volumen Wasser vermischt. Dabei scheidet sich fast alles Rot aus; die Ausflockung wird durch Zusatz von einigen Tropfen Salzsäure befördert. Diese Umfällung wird 3 mal wiederholt. Bei 120° getrocknet enthält das Rot 59,9% Kohlenstoff und 4,3% Wasserstoff.

Etti gewinnt bei seiner Darstellung des Rindengerbstoffs (S. 131) ein Rot mit einem Gehalt von 57,5% Kohlenstoff und 4,2% Wasserstoff, indem er die mit Essigäther ausgeschüttelte alkoholisch-wäßrige Lösung auf dem Wasserbade zum geringen Volum eindampft und mit kaltem Wasser verdünnt. Der aus-fallende rote Niederschlag setzt sich auf die Zugabe von Salzsäure vollständig ab. Er wird abwechselnd in Weingeist gelöst und durch Wasser gefällt, bis er aschefrei ist.

Sieht man von dem ausnahmsweise niedrigen Kohlenstoff-gehalte ab, den Metzger für den Splint- und Holzgerbstoff von Quercus robur gefunden hat (48%), so läßt sich feststellen, daß die Analysenwerte der leichter löslichen Rindengerbstoffe aus dieser Eiche[1]) etwa bei 55—56% für Kohlenstoff und 4,5% für

---

[1]) Trimbles Analysen werden nicht berücksichtigt, weil er die orga-nischen Lösungsmittel nicht entfernt hat.

Wasserstoff liegen. Der Kohlenstoffgehalt ist also niedriger als beim Gambircatechin (62%). Bei den schwerer löslichen Präparaten bis zu dem unlöslichen Eichenrot, die aus dem löslichen Gerbstoff oder aus der Rinde dargestellt werden, läßt sich eine stetige Steigerung des Kohlenstoffgehaltes bis über 62% und eine Verminderung des Wasserstoffs bis etwa 4% beobachten. Präparate, die diesen Grenzwerten nahekommen, sind selbst in kochendem Wasser und siedendem Alkohol unlöslich; auch von Kalilauge werden sie nur teilweise aufgenommen (Löwe). Nach Böttinger[1]) löst sich das Rot ein wenig in siedendem Phenol und Kreosot, mehr, aber immer noch wenig, in heißem Glycerin. Etti[2]) machte die Beobachtung, daß Rot von mittlerem Kohlenstoffgehalt dadurch in Lösung gebracht werden kann, daß es in Wasser mit etwa $1/_{20}$ Gewichtsteil Magnesiumoxyd gekocht wird. Das Magnesiumsalz bleibt auch in kaltem Wasser in Lösung. Derartige Salze nimmt Etti auch in den wäßrigen Gerbstoffauszügen an.

Die oben mitgeteilten Analysenwerte lassen darauf schließen, daß das Rot aus dem löslichen Gerbstoffe durch Wasseraustritt entsteht. In der Natur spielen Oxydationen in diese Vorgänge hinein. Viel weniger wahrscheinlich ist die verschiedentlich ausgesprochene Ansicht, daß der lösliche Gerbstoff ein Glucosid oder eine Gallussäureverbindung des Rots sei, das durch einen hydrolytischen Spaltprozeß in Freiheit gesetzt sich abscheide. Dem widerspricht die Analogie mit dem Catechin, auf die nachdrücklich hingewiesen werden muß, und die Erfahrung, daß der Gerbstoff fast mit seinem ganzen Gewicht in Rot überzugehen vermag (Löwe), sowie daß Zucker, Gallussäure und ähnliche Spaltstücke nur in so geringer Menge entstehen, daß sie Beimengungen zugeschrieben werden müssen. Etti erhitzt den löslichen Gerbstoff 4 Stunden mit der 4fachen Menge 14proz. Schwefelsäure auf 130—140°. Das Filtrat vom Rot enthält Gallussäure in einer Menge von 1,5% des angewendeten Gerbstoffs. Trimble glaubt bei einem ähnlichen Versuche Spuren von Protocatechusäure angetroffen zu haben.

Die Konstitution des Eichenrindengerbstoffs und des Rots ist völlig im Dunkel. Grabowsky[3]) erhielt aus dem Rot in der

---

<sup></sup>

[1]) A. **202**, 269 (1880).
[2]) M. **10**, 657 (1889).
[3]) A. **145**, 4 (1868).

Kalischmelze Phloroglucin und Protocatechusäure. Die Methoxylgruppen, die Etti nachgewiesen hat, sind möglicherweise auf die Beimengung oder Einwirkung des von ihm verwendeten Alkohols oder Essigäthers zurückzuführen.

Die saftige Innenseite der Eichenrinden ist unmittelbar nach der Schälung hell; sie dunkelt sehr schnell beim Trocknen an der Luft. Dies deutet darauf hin, daß unter der Einwirkung von Fermenten durch Wasserentziehung oder Oxydation der komplizierte Gerbstoff mit seinen Übergangsformen bis zum unlöslichen Rot aus einer einfacheren Grundsubstanz entsteht. Soviel steht fest, daß das Problem des Eichenrindengerbstoffs von einer anderen Seite als bisher angefaßt werden muß. Die luftgetrocknete Rinde eignet sich nicht als Ausgangsmaterial. Ein solches dürfte weit eher in den Blättern, den frischen Blattgallen oder anderen vorsichtig geernteten Teilen der Eiche zu finden sein. Das rotbildende Phenolderivat muß wie bei der Colanuß gefaßt werden, bevor es durch Oxydasen oder andere Fermente der Pflanze verändert ist.

**Quebrachogerbstoff.** Im Holze der südamerikanischen Bäume Schinopsis Lorentzii und Balansae (Quebracho colorado) findet sich neben wenig Fisetin, Ellagsäure und Gallussäure[1]), die wahrscheinlich in gebundener Form darin enthalten sind, eine große Menge Gerbstoff und Gerbstoffrot. Zucker ist nur in geringem Maße vorhanden. Aratas „Quebrachoin", das in sehr geringer, Menge aus dem Holze durch Ausäthern gewonnen wurde, ist nichts anderes als Fisetin, mit dem es in der gelben Farbe, der Schwerlöslichkeit in heißem Wasser und der roten Fällung mit basischem (nicht neutralem) Bleiacetat übereinstimmt. Hesse[2]) entzog dem eingetrockneten Safte des Holzes durch Äther Spuren einer wasserlöslichen neutralen, krystallinischen Substanz, die Eisenchlorid nicht färbte.

Der Gerbstoff ist ein Gemisch von wasserlöslichen Bestandteilen mit schwerlöslichen Produkten. Er ist aus dem Holze durch kaltes Wasser schwer auslaugbar[3]).

Den wasserlöslichen Gerbstoff suchen Th. Körner[4]) und nach

---

[1]) Perkin, Gunnell, Soc. **69**, 1303 (1896).
[2]) A. **211**, 275 (1882).
[3]) Paessler, Lederzeitung 1918, Nr. 148; Collegium **1919**, 244.
[4]) Ledermarkt 1897, Nr. 37, 40, 53.

ihm Franke[1]) dadurch zu gewinnen, daß sie geraspeltes Quebrachoholz mit Wasser von 30° übergießen, so daß es eben bedeckt ist. Nach einer halben Stunde wird abgepreßt, filtriert und mit Kochsalz ($^1/_{10}$ des Brühengewichts) versetzt, erneut filtriert und mit Essigäther ausgeschüttelt. Zur Essigätherlösung werden 2 Volumteile Äther gegeben, nach 12 Stunden wird vom Niederschlage abgegossen, und mit mehr Äther ein hellerer Gerbstoff ausgefällt. Er wird noch 5 mal mit Essigäther und Äther umgelöst. Dieser Gerbstoff ist aber noch nicht einheitlich[2]).

Gschwendner[3]) extrahierte das geraspelte Quebrachoholz 10 Tage lang mit kaltem Wasser, verdampfte die Lösung im Vakuum, nahm mit Alkohol auf, filtrierte, verjagte den Alkohol im Vakuum, nahm wieder in Wasser auf und fällte nach der Filtration mit Bleiacetat. Der Niederschlag wurde mit viel heißem Wasser gewaschen und in Alkohol durch Schwefelwasserstoff zerlegt. Der Alkohol wurde im Kohlensäurestrom abdestilliert und der Rückstand über Schwefelsäure getrocknet. Durch Lösen in Alkohol und Fällen mit Äther konnte der Gerbstoff weiter gereinigt werden. Die Ausbeute war gut.

Die in Wasser weniger löslichen Bestandteile des rohen Quebrachogerbstoffes hat Arata[4]) untersucht. Er sammelt den in den Rissen des Holzes ausgesonderten, eingetrockneten Saft oder verwendet heißbereiteten Holzauszug. Die warme wäßrige Lösung wird filtriert; beim Erkalten setzt sich die Hauptmenge des Gerbstoffs als eine gefärbte Masse ab; aus dem Filtrate kann eine erhebliche Menge eines reineren Produktes durch Mineralsäuren oder Kochsalz ausgefällt werden. Der Gerbstoff

---

[1]) Pharm. Zentr. Halle, **47**, 599 (1906).

[2]) Körner, Jahresber. d. deutsch. Gerberschule **10**, 21 (1899).

[3]) Diss. Erlangen 1906. Der Verfasser gibt ausdrücklich an, daß er das Holz, und zwar Quebracho colorado verwendet hat. Gschwendners Untersuchung ist danach im Auszuge von Strauß u. Gschwendner veröffentlicht worden [Z. Ang. **19**, 1121 (1906)]. Hierbei nennen die Verfasser als Ausgangsmaterial die Quebrachorinde. Aber aus dem weiteren Texte und aus Gschwendners Dissertation muß geschlossen werden, daß hier ein Irrtum vorliegt. Die botanischen Angaben der Verfasser sind gleichfalls irrtümlich.

[4]) An. soc. cient. Argentina **6**, 97 (1878); **7**, 148 (1879); der erste der beiden spanischen Texte ist in wörtlicher Übersetzung mitgeteilt in G. **9**, 90 (1879); Auszüge aus beiden Arbeiten: Soc. **34**, 986 (1878); **40**, 1152 (1881). Vgl. Jahresber. f. 1879, S. 906.

wird mit wenig kaltem Wasser gewaschen. Zur weiteren Reinigung hat Arata die Lösung mit etwas neutralem Bleiacetat versetzt und das Filtrat auf Gerbstoff verarbeitet, oder allen Gerbstoff mit neutralem Bleiacetat ausgefällt und den Niederschlag mit Schwefelwasserstoff in Alkohol zerlegt.

Quebrachogerbstoff färbt Ferrisalz grün, wird von Brom niedergeschlagen und liefert, mit Säuren erhitzt, ein Phlobaphen, das nach Gschwendner die Zusammensetzung C 62,4, H 5,6 hat. Hiermit stimmen die Werte überein, die Arata an seinen schwerlöslichen Präparaten verschiedener Darstellung gefunden hat (im Mittel C 62,5, H 5,4)[1]). Der Vergleich mit dem Catechin ($C_{15}H_{14}O_6$; C 62,1, H 4,8) oder seinen wasserärmeren Kondensationsprodukten ergibt, daß das Gemisch der Quebrachogerbstoffe wasserstoffreicher oder sauerstoffärmer ist. Das den Gerbstoff begleitende Fisetin $C_{15}H_{10}O_6$

$$\text{HO}\underset{\underset{O}{C}}{\overset{\overset{O}{\diagup}}{\bigcirc}}\!\!C\!-\!\!\bigcirc\!\!\overset{OH}{\underset{OH}{}}$$

ein dem Quercetin ähnlicher Farbstoff, enthält noch weniger Wasserstoff (C 62,9, H 3,5).

Der Gerbstoff reagiert kaum sauer und reduziert nach Gschwendner nicht die Fehlingsche Lösung. Kalk- und Barytwasser erzeugen eine violette Fällung. Nach Körner färbt sich eine kochende wäßrige Lösung des löslichen Gerbstoffs, durch die Luft geleitet wird, rot und setzt einen roten Niederschlag ab. Wenn diese intensive Berührung mit der Luft vermieden wird, bleibt die Lösung unverändert. Das gerbstoffhaltige Holz und, nach Arata, auch die daraus gewonnenen Präparate dunkeln an der Luft nach.

Körners[2]) helle Präparate lösen sich in etwa 7 Teilen Wasser von gewöhnlicher Temperatur. Beim Abkühlen einer stärkeren Lösung scheidet sich ein Teil des Gerbstoffs als Sirup ab.

Aratas Gerbstoff löst sich leicht in Alkohol, Essigäther, Aceton und heißem Wasser, wenig in Amylalkohol, Eisessig, Äther und kaltem Wasser. In wäßrigem Äther löst sich eine ge-

---

[1]) Die Zahlen des spanischen Originals sind in dem englischen Auszuge ungenau wiedergegeben (Soc. **40**, 1152).

[2]) Jahresber. d. d. Gerberschule **10**, 27 (1899).

ringe Menge. Zinksulfat erzeugt einen hellen Niederschlag. Wird der Gerbstoff mit 3 Teilen Ätzkali $^1/_2$ Stunde im Schmelzen gehalten, so entsteht Protocatechusäure und Phloroglucin. Die trockene Destillation liefert Brenzcatechin, das Arata durch den Schmelz- und Siedepunkt identifiziert hat. Gschwendner gibt an, daß das überdestillierende Öl „Guajacol zu sein scheint". Da er keine Belege mitteilt, muß Aratas Feststellung als maßgebend angesehen werden. Wird der Gerbstoff $1^1/_2$ Stunde mit starker Schwefelsäure erhitzt und nach dem Erkalten vom dunklen Niederschlage filtriert, so kann aus dem Filtrate mit Äther Phloroglucin und Protocatechusäure extrahiert werden (Arata[1])).

Gschwendner stellte 7% Methoxyl fest. Was davon den organischen Lösungsmitteln entstammt — er fällte seine Analysenpräparate aus Alkohol mit Äther —, läßt sich nicht beurteilen. Durch 1 stündiges Kochen von 10 g Gerbstoff mit 60 g Eisessig und 60 g Essigsäureanhydrid erhielt der gleiche Verfasser ein Acetylderivat (C 61,2—62,0, H 4,7—5,2; Acetyl 32,1) vom Molekulargewicht 1547—1615 (in Phenol und in Eisessig). Mit Benzoylchlorid und Pyridin wurde ein Benzoylderivat bereitet (C 73,0, H 4,2; Molekulargewicht in Benzol: 2295 bis 2362).

**Filixgerbstoff[2]).** Obwohl der Gerbstoff in Wasser leicht löslich ist, wird er von frischem oder getrocknetem Filixrhizome nur in geringen Mengen an kaltes Wasser abgegeben. Das trockene Pulver wird mit absolutem Alkohol kalt erschöpft, der Auszug in kleinen Portionen im Vakuum eingedampft und der sirupöse Rückstand mit Äther durchgeschüttelt, wobei er fest wird. Schließlich wird er im Soxhletapparat mit Äther ausgezogen. Die Ausbeute beträgt 8%. Der Gerbstoff enthält Stickstoff. Er ist in Wasser und wasserhaltigem Alkohol löslich und optisch inaktiv. In Essigäther, Aceton und Eisessig löst er sich sehr wenig. Eisenchlorid wird grün gefärbt, Mineralsäuren erzeugen in der wäßrigen Lösung einen Niederschlag. Leim und Alkaloide werden gefällt. Der Gerbstoff diffundiert durch Pergament 11 mal so rasch als

---

[1]) Die ins Schrifttum übergegangene Angabe, daß Arata mit Schwefelsäure einen krystallisierten Stoff erhalten habe, der bei der Kalischmelze in Protocatechusäure und Phloroglucin zerfalle, beruht auf einem Mißverständnis.

[2]) Wollenweber, Ar. **244**, 466 (1906).

Galläpfeltannin. Er bleibt beim Eindampfen der wäßrigen Lösung und beim Erhitzen auf 100° wasserlöslich. Durch Trocknen bei 125° gibt er Wasser ab und verwandelt sich in ein unlösliches Produkt.

Nach Malin[1]) liefert der Gerbstoff beim Kochen mit Säuren ein Rot, das dem Chinarot ähnlich ist. Es bildet bei der Alkalischmelze Protocatechusäure und Phloroglucin.

Den **Gerbstoff der Roßkastanie** hat Rochleder aus dem wäßrigen Dekokt verschiedener Teile der Pflanze durch Fällung mit neutralem Bleiacetat herauszuarbeiten gesucht[2]). Das im Auszug befindliche Äsculin (Diglucosid des Äsculetins) bleibt in Lösung, da es nur von basischem Acetat gefällt wird[3]). Der Gerbstoff ist sicher ein Gemisch; die Versuche Rochleders haben deshalb nur eine bedingte Gültigkeit. Eisenchlorid erzeugt eine Grünfärbung. Das Gerbstoffgemisch läßt sich mit verdünnten Säuren in verschiedene Kondensationsprodukte bis zum Rot, das selbst in kalter Kalilauge unlöslich ist, überführen. Frisch bereitetes, noch feuchtes Rot wird von Bisulfitlösung in einen fast farblosen, gleichfalls schwerlöslichen Stoff verwandelt. Bei der Kalischmelze entsteht aus dem Rot neben Protocatechusäure Phloroglucin.

Der **Malletogerbstoff** weist äußerlich einige Ähnlichkeit mit dem Quebrachogerbstoff auf[4]). Dekker[5]) extrahiert die Rinde von Eucalyptus occidentalis [Malletorinde; der Baum zählt übrigens unter die Kino liefernden[6])] mit 96 proz. Alkohol und schlägt den Gerbstoff mit Äther nieder. Das Rohprodukt wird in absolutem Alkohol gelöst und mit Äther in Fraktionen gefällt. Die ersten Niederschläge werden verworfen, weil sie Kohlenhydrate enthalten. Der Gerbstoff ist leicht in Wasser und Alkohol, weniger in Aceton und Essigäther löslich und wird durch Brom niedergeschlagen.

Mit heißer 2 proz. Salzsäure wurden 46% Rot, wenig Gallussäure und 2% Methylpentose erhalten. Die Kalischmelze, besser noch die Reduktion mit Zinkstaub und kochender, 15 proz.

---

[1]) A. **143**, 276 (1867).
[2]) Wien. Akad. **55** II, 819, (1867), **54** II, 607 (1866).
[3]) Rochleder u. Schwarz, A. **87**, 186 (1853).
[4]) Gschwendner, l. c., Strauß u. Gschwendner, l. c.
[5]) Arch. néerl. sc. exact. et nat. (2) **14**, 50 (1909).
[6]) Wiesner, Rohstoffe, 3. Aufl., 1. Band, 615 (1914).

Natronlauge, ergab eine geringe Menge Gallussäure und Phloroglucin.

Die Rinde enthält neben dem Gerbstoffe in geringer Menge einen krystallinischen, in Wasser schwer löslichen, farblosen Stoff.

Auch der **Rindengerbstoff aus Persea Lingue** hat nach Arata[1]) viel Ähnlichkeit mit dem Quebrachogerbstoffe.

**Gerbstoff aus Pistacia lentiscus (Mastixbaum)**[2]). Der alkoholische Blätterauszug wird eingeengt, in Wasser gegossen und wiederholt ausgeäthert. Aus der wäßrigen Schicht wird aller Gerbstoff mit Essigäther ausgeschüttelt; der Essigäther hinterläßt einen Gerbstoff, der in Wasser gelöst wird. Zur Flüssigkeit gibt man etwas Kochsalz, entfernt einen geringen Niederschlag, extrahiert das Filtrat mit Essigäther, engt diesen ein und versetzt mit Äther. Ein geringer brauner Niederschlag wird entfernt und das Filtrat eingedampft. Der Gerbstoff enthält noch einen Farbstoff (Myricetinglucosid?).

Beim Kochen mit verdünnter Schwefelsäure fällt etwas Myricetin aus und Äther entzieht etwas Gallussäure, die wohl von einem beigemengten Tannin stammt. Die ausgeätherte wäßrige Lösung enthält noch erhebliche Mengen Gerb- und Farbstoff. Zur Entfernung des letzteren wird die Lösung in der Siedehitze so lange mit Bleiacetat versetzt, als die Niederschläge frei von gelben Beimengungen bleiben (die Bleiverbindungen der Farbstoffe fallen erst nach den Gerbstoffen mit einem Bleiüberschuß aus). Das Bleisalz des Gerbstoffs wird gewaschen, mit Schwefelwasserstoff zerlegt und das Filtrat mit Essigäther ausgeschüttelt. Dieser wird verdampft und aus der alkoholischen Lösung des Rückstandes durch Äther eine unlösliche Verunreinigung gefällt.

Der Gerbstoff gibt keinen Bromniederschlag, mit verdünnter Schwefelsäure liefert er in der Hitze ein Phlobaphen, das mehrmals mit Wasser ausgeswachen wird und bei der Kalischmelze Phloroglucin, Gallussäure und wahrscheinlich Essigsäure liefert.

Demnach liegt ein rotbildender Phloroglucingerbstoff kondensierten Systems vor, der nicht, wie die meisten seiner Art, den Rest des Brenzcatechins enthält, sondern wie das ihn begleitende Myricetin den des Pyrogallols.

---

[1]) An. cient. Argent. **10**, 193; G. **11**, 245 (1881).
[2]) Perkin, Wood, Soc. **73**, 376 (1898).

## 3. Rotbildende phloroglucinfreie Gerbstoffe unbekannter Zugehörigkeit.

Den Gerbstoff des amerikanischen Ampfers **Rumex hymenosepalus (Canaigre)** hat Trimble[1]) untersucht. Der kalt bereitete wäßrige Auszug der Wurzel wird in 2 Teile geteilt, die eine Portion mit Bleiacetat gefällt und die andere zugegeben. Auf diese Weise werden färbende Materialien niedergeschlagen. Das hellgelbe Filtrat wird mit Essigäther erschöpft, der Essigäther im Vakuum verdampft, der Rückstand in alkoholhaltigem Äther gelöst und nach der Filtration wieder im Vakuum zur Trockene gebracht. Zuletzt wird mit absolutem Äther ausgewaschen.

Der Gerbstoff ist hellgelb, leicht in Wasser und Alkohol löslich. Eisenchloridlösung wird grün gefärbt, Bromwasser erzeugt einen Niederschlag. Bei 3stündigem Kochen mit 2proz. Salzsäure scheidet sich Rot ab. Daneben läßt sich eine ätherlösliche krystallisierte Säure gewinnen, vielleicht Protocatechusäure. Die Kalischmelze liefert Protocatechusäure.

Canaigre enthält chryophansäureartige Substanzen[2]).

Ein rotbildender Gerbstoff, der in der Kalischmelze Protocatechusäure liefert, wurde von A. G. Perkin[3]) aus den Blättern von **Osyris compressa (Capsumach)** isoliert.

Zur Gewinnung des **Gerbstoffes der Chinarinde** hat Schwarz[4]) die zerstoßene Rinde von Cinchona lancifolia mit Wasser ausgekocht, die Lösung durch Leinwand geseiht und mit wenig Magnesiumoxyd versetzt, das etwas Chinarot annimmt. Das Filtrat gibt mit neutralem Bleiacetat einen reichlichen braunroten Niederschlag, der unter Wasser mit Schwefelwasserstoff zerlegt wird. Dabei bleibt ein Teil der schwerlöslichen Beimengungen im Schwefelblei. Das Filtrat gibt mit basischem Bleiacetat einen Niederschlag, der mit Essigsäure ausgezogen wird, wobei wieder ein Teil ungelöst bleibt. Aus der essigsauren Lösung fällt Ammoniak einen lichtgelben Niederschlag, der mit Wasser

---

[1]) The Tannins II, 116 (Philadelphia 1894); Ar. **224**, 556 (1886).

[2]) Anthrachinonderivate. Wehmer, Pflanzenstoffe, Jena 1911, S. 174.

[3]) Soc. **71**, 1132 (1897).

[4]) J. pr. **56**, 78 (1852).

gewaschen und durch Schwefelwasserstoff zerlegt wird. Die Ausbeute ist sehr gering.

Schütt[1]) versucht den Gerbstoff der Huanco-, Loxa- und roten Chinarinde folgendermaßen darzustellen: Die Rinden werden mit Äther vorbehandelt und mit Alkohol ausgekocht. Dieser wird abgedampft, der zurückbleibende Sirup in Wasser gelöst und vom reichlich beigemengten Rot abfiltriert. Die wäßrige Lösung wird mit neutralem Bleiacetat gefällt, der Bleiniederschlag mit Wasser gewaschen, rasch getrocknet und in alkoholischer Suspension mit Schwefelwasserstoff zerlegt.

Der Gerbstoff ist in Wasser und in Alkohol leicht, in Essigäther schwer löslich. Eisenchlorid wird grün gefärbt. Brom erzeugt einen Niederschlag. Mit 200 Teilen 3proz. Schwefelsäure gekocht, scheidet der Gerbstoff schon nach $^1/_2$ Stunde große Mengen Rot ab, das 63—65% Kohlenstoff und 6—7% Wasserstoff enthält. Dieser Wasserstoffgehalt ist für einen Gerbstoff ungewöhnlich hoch. Daneben bildet sich Glucose, die Schütt allerdings einer Beimengung zuschreibt.

Der Gerbstoff bildet mit Wasserstoffsuperoxyd sehr geringe Mengen einer krystallinischen Substanz ohne Phenolcharakter (Schütt).

Das Chinarot läßt sich mit konzentrierter Schwefelsäure sulfurieren, aus dem Reaktionsgemisch konnte Schütt das krystallisierte Bariumsalz einer Sulfosäure isolieren. Mit Permanganat liefert das Rot faßbare Mengen einer krystallisierten Substanz.

Rembold[2]) erhielt aus dem Chinarot durch die Kalischmelze Protocatechusäure und geringe Mengen einer flüchtigen Säure, in der er Essigsäure vermutet. Aus dem alkoholischen Extrakt der mit Äther erschöpften Rinde von Cinchona Cuprea hat Körner[3]) durch Natronlauge Kaffeesäure in Lösung gebracht.

---

[1]) Diss. München 1900.
[2]) A. **143**, 273 (1867).
[3]) B. **15**, 2624 (1882).

# Autorenregister.